U0300828

顶
礼
魔
姿
君

可见隐交石

一见隐文石

可见隐变石

夏之隐之石

頁之隱又石

可見之隱沒之石

可見之石隱沒之石

可见之石隐没之石

可见之隐没之石

可见之石隐没之石

可見之石隱沒之石

可见之石，隐没之石

可见之石隐没之石

可见之石　隐没之石

可见之石隐没之石

可见之石隐没之石

可见之石隐没之石

可见之石隐没之石

可见之石隐没之石

可见之石隐没之石

可见之石隐没之石

可见之石　隐没之石

可见之石 隐没之石

可见之石 隐没之石

可见之石 隐没之石

可见之石　隐没之石

可见之石 隐没之石

보이는 돌 보이지 않는 돌
Visible Stone Invisible Stone
見える石 見えない石

[韩]
李大俊
崔晚沫

中国建筑工业出版社

场 = 小屋

LOCUS = SHED

터 / Shed

서양이 사유의 토대를 건물＝Home, House에 두었다면 우리는 사유의 토대를 터＝Shed에 담았다. Shed는 터를 더욱 터답게 하고 터의 문맥을 드러낸다는 의미에서 관계의 건축이다.

Locus / Shed

While the West's foundation of thought is based on 'building=Home' or 'building=House', ours is on 'Locus=Shed'. A shed is 'relational architecture' in the sense that it brings the most out of a site*.

场 / Shed

如果说西方思维是基于"建筑"（Home或House）的，那么东方思维则以"场=Shed"为基础。所谓"Shed"，是强调以"场"的自身特性"凸显"其"文脉"关系的建筑。

「場」/ Shed

西洋が思惟の土台を建物＝Home, Houseとしていたのであれば、私達の思惟の土台は「場＝Shed」にある。Shed は場をもっと場らしくし、場の文脈を現すという意味で関係的建築である。

* Site should be read not only its physical nature but also as a 'Locus'; a relationship between the physical and non-physical nature of the place.

Home

House

Shed

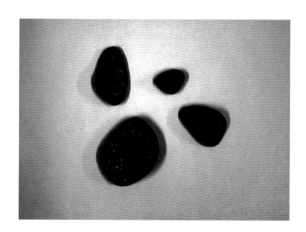

플라톤은 건축을 철학의 은유로 사용하였다. 형이상학적 측면에서 바라본 건축은 평가하였으나 중력의 영향 하에 놓인 물질로서의 건축은 평가 절하하였다. 이러한 시선의 구도가 Home 사상의 근원이 된다. 그것은 정신적인 것을 우선하고 물질적인 것을 하위에 두는 사유로서 정신과 물질(몸)의 비대칭적 구조를 갖고 있다.
반면에 House에 기반을 둔 사유체계는 진리는 하나이며 합목적성을 갖고 연합하는 구조 즉 종속적 구조가 아닌 서로 연대하여 결합하는 체계라고 말할 수 있다.

Plato used architecture as a philosophical metaphor. He acclaimed architecture from the viewpoint of metaphysics, but he devaluated it because it is something under the influence of gravity. Such perspective is the root of Home, an idea that prioritizes spiritual things and neglects material ones, thus creating an asymmetric structure of spirit and material (body).
Meanwhile, the thought system based on House is a system with a single truth that combines a coalitional structure with purposiveness; that is, it is a non-subordinate structure that bands together and combines.

柏拉图将建筑隐喻为哲学，他以一种"形而上学"的角度对建筑做出了评价，贬低了建筑这一受重力影响而存在的物质。这样的视觉构图是"Home思想"的根源。这种认为精神性高于物质性的思维方式导致了精神和物质(或身体)的不对称结构。
与此相反的是，基于"House思想"的思维体系则认为，真理是唯一以目的性联系的结构；换句话说，它们之间并非从属关系，而是彼此关联的体系。

プラトンは建築を哲学の隠喩として使用した。形而上学的な視線で見た建築を評価したのだが、重力の影響の下に置かれた建築は評価を切り下げていた。この様な構図がHome思想の基となるのである。これは精神的なものを優先とし、物質的(フィジカル)なものを下位に置く思惟であり、精神と物質(体)の非対称的な構図を持っている。
その反面、Houseに基づいている思惟は真実は一つであり、合目的性をもって、連合する構図、即ち、従属的構図ではなく、互いに連体し、結合する体系ということである。

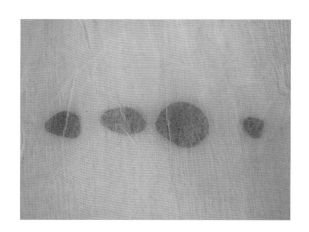

서양의 역사는 Home과 House의 체계가 서로 부딪치고 보완하는 위기 가운데 전통과 유토피아가 작동되는 세계라고 표현할 수 있다. 그러므로 서양은 항상 위기의 지도라는 텍스트를 배경으로 새로운 그림을 그려야 하는 숙명을 안고 진행해온 체계이다.

이러한 위기의 지도를 단적으로 말해주는 것이 '서양의 양식건축 논쟁'이였다.

신고전주의와 고딕 복고주의 논쟁이 바로 Home과 House의 구도 속에서 벌어져왔다고 말 할 수 있다.

20세기의 모던 vs 포스트 모던 역시 이러한 구도의 연장선상에 있다고 볼 수 있는데 20세기 말부터 새로운 위기가 작동되면서 강력하게 이끌던 정신이 실종되고 말았다.

Western history can be expressed as a world in which tradition and utopia function during the collision and complementation of Home and House. Thus the West has always been a system that proceeds with the fate of drawing a new picture against a background text that is a map of crisis. The debate on western architectural style is a direct example of this map of crisis.

The Neoclassicism and Gothic revivalism debate arose within the composition of Home and House. Modernism vs. Post-modernism of the 20th century is also an extension of this structure; in the late 20th century, the foremost spirit was lost with the advent of a new crisis.

西方历史可以看作一个在"Home"和"House"两种体系相互冲突，但彼此互补的状况下，由传统和乌托邦思想推动的世界。西方体系则是以"危机地图"文本为背景，背负着"勾画新图案"这一使命发展而来的。

能够如此直率地说出"危机地图"的正是"西洋风格建筑争论"。

可以说新古典主义和哥特式复古主义的争论正是在"Home"和"House"这一构思中展开的。

20世纪的"现代主义vs.后现代主义"也是上述构思的延续；但到了20世纪末，随着新危机的来临，支撑引导这一构思的精神已不复存在。

西洋の歴史はHomeとHouseの体系が互いにぶつかり合い、補完する危機の中で伝統とユートピアが作動する世界とも言える。したがって、西洋は常に危機の地図というテキストを背景に新しい絵を描かなければならない宿命を持って進んで来た体系と言えよう。

この様な危機の地図を断的に示しているのが、「西洋の様式建築論争」である。

新古典主義とゴシック復古主義論争がこのHomeとHouseの構図の中で行われてきたと言えよう。

「20世紀のモダンVS.ポストモダン」も、この様な構図の延長線上にあるともいえるのだが、20世紀末から新たな危機が作動し、強力に導いていた精神が喪失してしまったのである。

서구적 세계관에 의해 나타난 전통(라틴어 어원 Trado)과 유토피아 사상이 작동되기는 하지만 무언가 불안정한 상태가 21세기에 들어서면서 더욱 중심의 위치에서 이탈되어가는 듯한 인상을 지울 수 없다. 메를로 퐁티의 신체론은 새로운 대안으로 역할을 하기 보다는 비평적 영역에서 이성주의와 인본주의에 함몰되었던 서구중심의 세계관에 대해 양의적 세계에 걸쳐진 신체성의 회복이라는 시각을 보여주었다.

Though the philosophies of tradition (Latin root 'trado') and utopia which originated from Western worldview are alive nowadays, one can't help but feel an unbalance, like something that is falling out of the center as we progress in the 21st century. Merleau-Ponty's Theory of the Body presents a view on the double-sided physical recovery in a Western-centered worldview collapsed in rationalism and humanism, rather than act as a new alternative in a critical area.

西方世界观中所体现的"传统"(拉丁文系"Trado")和乌托邦思想始终存在并发挥着作用, 但是进入21世纪后, 一种未知的、不稳定形态更加偏离了中心。梅洛·庞蒂(Maurice Merleau−Ponty)在他的《身体现象学》中指出, 针对沦陷于"理性主义"和"人本主义"的西方中心世界观, 与其采用新的提案, 不如以一种批判性的态度进行两面性世界的"身体性恢复"。

西欧的世界観により現れた伝統(ラテン語の語源のTrado)と、ユートピア思想が作動はするが、どこか不安定な状態が、21世紀に入ってもっと、中心部から離脱していくような印象を消すことが出来ない。メルローポンティの身体論は新たな対案としての役割をしているというより、批判的領域での理性主義とヒューマニズムの下に沈んでいた西欧中心の世界観について、両義的な世界に渡っている身体性の回復という視角を見せた。

그러나 이러한 시각이 대두될수록 존재론적 사유의 한계가 보다 뚜렷이 나타나기 시작하였다. 존재론이 갖고 있는 이원론적 한계를 여실히 드러내면서 급기야는 위기 시에 작동되는 유토피아에 대해서까지 사망선고를 내린 것이다. 반면에 동양은 어떠한가를 살펴 볼 때 대문자 Home과 House의 존재론적 사유의 옷, 즉, 불편한 옷을 바라보며 과연 계속 입고 있어야 되는 것일까 아니면 이 기회에 좀 더 신체에 맞는 사유를 찾아야 되는 것일까 고민하게 되었다.
그런데 놀랍게도 서구부터가 이념에 찌들렸던 사유의 옷을 벗으려고 몸부림치는 모습을 보이며 동양의 관계론적 사유에 관심을 보이고 있지만 그것 역시 서구의 오리엔탈리즘의 틀에서 비춰지는 한계를 여실히 보여주었다.

But as this view began to emerge, the limitation of ontological thought became vivid. It revealed the dualistic limit of ontology, and eventually pronounced the death of utopia, which would become active in times of crisis. On the other hand, the East, as we gazed at the ontological thought of Home and House, namely, like uncomfortable clothes, had to mull over whether or not to find an idea that would better fit us.
Surprisingly, the West struggled to take off its clothes of thought that were soaked in ideology, and started to show interest in the East's relations-based thought, still clearly showing the limits within the Western frame of Orientalism.

随着这种理论的兴起，"存在论"思维的局限性也就愈发明显。随着"存在论"的二元论局限性逐渐暴露无遗，启动于危机时期的乌托邦最终也宣告"死亡"。反观东方世界，在对待存在论思维这件"外衣"时，如果不适合自己，就应该考虑是要继续"穿"着它，还是去寻找更适合自己思维的"外衣"。
令人惊奇的是，西方挣扎着想要脱掉这件"不合身的衣服"，并开始对东方的"关系论"思维产生兴趣，但是他们还是摆脱不了东方风格框架在西方的局限性。

しかし、この様な視角が台頭すると共に、存在論が持っている思惟の限界が、よりはっきりと浮かび始めた。存在論が持っている二元論的限界を、ありのままに表しながら、あげくの果てには危機の時に作動するユートピアに死亡宣告をしてしまったのである。その反面、東洋はどうなのかを見ると、大文字HomeとHouseの存在論的思惟の服、即ち、不便な服を見ながら、果たしてこの服をずっと着ていなければならないのか、それとも、この機会にもっと体に合う思惟を探さなければいけないのかと悩むようになった。
ところが、驚くことに、西欧から先に、理念の染み込んでいた思惟の服を脱ぎ捨てようと身もだえしている姿を見せながら、東洋の関係論的思惟に関心を示しているが、それもやはり西欧のオリエンタリズムの枠で映し出されるという限界を、ありのままに見せた。

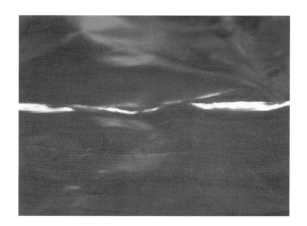

관계론적 사유는 존재론적 사유의 대안이라기보다는 서로의 한계를 인식하고 보완적 구도에서 바라보는 것이 보다 장기적이고 균형 잡힌 사유 방식이다.

다시 말해서 서구의 Home과 House의 대안으로서 Shed를 부각시키는 것보다도 Shed적 사유의 유연성과 포용성이 보다 근원적이며 심오한 세계에 대한 새로운 시야를 여는 사유의 창으로 역할을 해야 한다는 것이다.

Shed적 사유의 관계방식과 형식 그리고 양식에 대한 구체적 대안으로서 터에 대해 언급하는 것은 Shed = 터 라고 생각되기 때문이다.

Relational thought is a balanced, long-term way of thought that recognizes each other's limit and assumes a complementary position.

In other words, as an alternative to Home and House of the West, the shed is not just to draw attention to itself, but the flexibility and inclusiveness of shed-like thought must become a window of thought that opens new horizons of a more fundamental and profound world. The reason I speak of site as a specific alternative about relational method, form and style of shed-like thought is that I believe in the concept of shed=site.

与其说 "关系论" 思维是 "存在论" 思维的对应面, 倒不如说它认识到了彼此的局限性, 并寻求一种长远而平衡的 "互补性" 思维模式。

相较于利用西方的 "Home" 和 "House" 对应方案来塑造 "Shed", 我觉得应该利用 "Shed" 思维的灵活性和包容性, 打开更溯源、更深奥的世界视野思维之窗, 积极发挥其作用。

这里将 "场" 作为 "Shed思维" 联系方式、形式和样式的具体方案加以讨论, 是基于 "Shed=场" 这一概念。

関係論的思惟は存在論的思惟の対案というより、互いの限界を認識し、補完的構図で捉えることが、より長期的で、バランスのとれた考え方であると思う。

つまり、西洋のHomeとHouseの対案としてShedを扱うのではなく、Shed的思惟が持つ柔軟性と包容性を用い、より根源的で深奥な世界に対する新しい視野を開く扉として役割づけることである。

Shed的思惟の関係方式と形式と様式についての具体的対案として、「場」について言及する理由は、Shed=「場」として考えられるからである。

한국인은 건물보다 터를 보다 본질적인 대상으로 접근하였으며 영속적 개념에서 파악하였다. 이러한 시선을 분명히 보여주는 것이 한옥이며 누정공간이다. 특히 누정공간이야 말로 Shed적 사유의 현현된 모습이다.
장소성의 관점에서 볼 때 누정공간의 성격은 주변 환경에 대해 자신을 강조하기보다 관계적이며 내재적이다.

Koreans approached site rather than building as the essential object, and grasped it as a lasting concept. The traditional Korean house and 'Noo-jung' (pavilion and gazebo) space are strong examples of this. Particularly, Noo-jung space is a manifestation of the shed-thought.
In respect of sense of place, it is relational and immanent as opposed to standing out.

比起建筑，韩国人更加注重"场"。他们认为"场"是更加本质的、永久性的东西。从韩屋和楼亭空间中就能看出他们的这一思维。特别是楼亭空间，它完美地诠释了"Shed思维"。
从场所性来看，楼亭空间不是为了在周边环境中彰显自己，而是为了与周边环境形成某种联系——某种内在的联系。

韓国人は建物より、「場」をより本質的な対象としてアプローチし、永続的概念で把握している。この様な視角を明らかに見せているのが、「ハンオク(韓国固有の在来式の家屋)」であり、楼亭(楼閣と亭子の略語)空間である。特に、楼亭空間こそ、Shed的思惟が確かに現れている姿である。
場所性の観点から見て、楼亭空間は周辺の環境に対して、自己を主張するのではなく、関係的で内在的である。

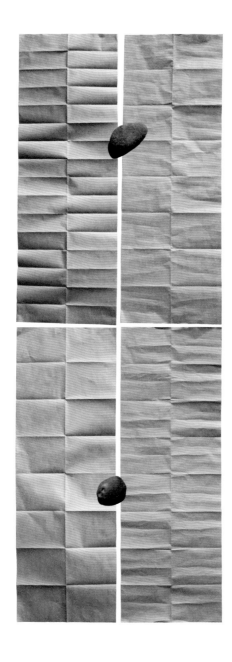

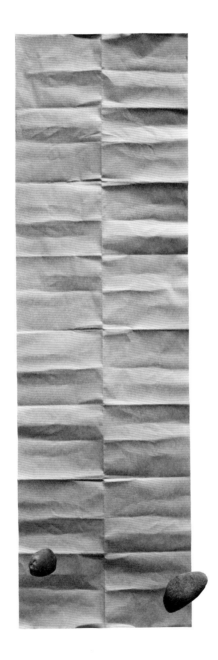

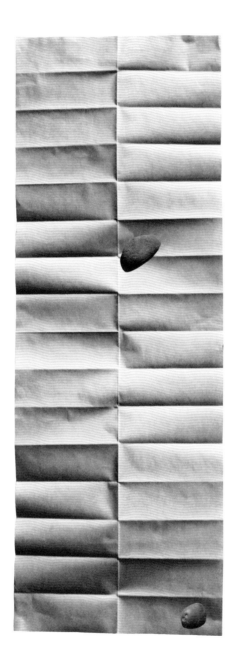

이우환 「만남을 찾아서」

근대를 만들었다고 자부해온 서양의 계몽주의에 바탕을 둔 사유의 힘, 그것은 한때 지칠 줄 모르는 기관차처럼 냉철하고도 강력한 이성의 얼굴로 유토피아를 소환시키는 막강한 힘의 근원으로 여거졌다.

그러나 상품에 입혀진 이데올로기의 상처럼, 세계와 표상의 관계가 철저히 닫쳐진 구조로 동일성의 메커니즘을 벗어나지 못하는 상황 또한 서양의 이성주의의 병리현상을 나타내게 되었고 급기야는 메를로 퐁티의 신체론과 양의성의 철학 등에 의해 타자성이 거론되는 가운데 시대는 후기 근대로 넘어오고 있었다.

Lee Woo-hwan 『The Search for Encounter』

The modern ages were made by the power of thought, which provided a foundation for the Western Enlightenment and was once believed to be the great power source that would beckon a utopia with its cool-headedness like a relentless locomotive.

But like the image of ideology on a product, the closed-off structure of the relationship between world and idea showing the situation in which it was unable to escape the mechanism of identity represented the Western rationalism and pathological phenomenon. This ultimately induced a theory of otherness through Merleau-Ponty's theories of the body and ambiguity when the transition into post-modernity was taking place.

李禹焕 "寻找邂逅"

"启蒙主义"起源于因创造了近代史而颇为自负的西方世界,而建立在"启蒙主义"之上的思想就像一辆不知疲倦的机车——冷静而透彻。与此同时,它亦被视作利用坚定的理性面貌召唤乌托邦的力量源泉。

然而,如同商品被赋予了意识形态的表象,世界和表象之间完全封闭的关系导致"同一性"的机制无法发展,进而导致了西方世界中"理性主义"攀比现象的出现。最终,梅洛·庞蒂的"身体现象学"和"两意性"的哲学思想引发了对"他者性"的讨论;而在这一过程中,我们的时代逐渐步入了近代后期。

イ・ウファン「出会いを求めて」

近代を作ったと自負した西洋の啓蒙主義に基づいた思惟の力、それは一時期、疲れを知らない機関車のように冷徹で強力な理性の顔であり、ユートピアを召還する巨大な力の源とされていた。

しかし、それは商品に着せられたイデオロギーの像の様に、世界と表象の関係が、徹底的に閉じられた構造で、同一性のメカニズムを離れられない状況こそ西洋の理性主義の病理現象をもたらすことになり、結局はメルロ・ポンティの身体論と両義性の哲学などによって他者性が取り上げられる中、時代はポストモダンへと移っている。

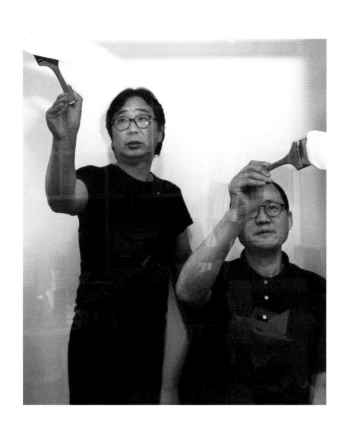

이러한 전세계적 사유의 흐름 속에서 일본 모노파의 태동이 시작되었고, 고도 성장의 후유증이 나타날 무렵 이우환을 비롯한 몇 명의 실험적 작가들에 의해서 그 동안 서구가 구축해온 세계 = 표상의 세계를, 타자성의 개입을 통한 침투의 구조를 만들어냄으로써 우연성이 만남을 유발시키는, 그러므로 "세계가 있는 그대로의 세계"되게 하는 작업 즉 신체성을 개입시킨 작업을 펼쳐 나아갔다.

The Japanese Mono-ha movement was born in this global stream of thought and around the time the side-effects of rapid growth appeared. Experimental artists such as Woo-hwan Lee produced a structure of penetration for a world constructed by Western civilization, a world of representation, by introducing the theory of otherness. Through it the artists created works that allowed "the world as it is in itself" to stimulate encounters through contingency, works that included the theory of corporeity.

在全球范围内的思想发展进程中，日本的"物派思想"开始萌芽。在经济高速增长的后遗症逐渐显现之际，以李禹焕为首的几名实验性作家，将西方一直构建的"世界=表象"的世界与"他者性"相结合，建立了"他者性"介入渗透其中的结构，引发了偶然性的互相碰撞，"使世界成为原本的世界"，也就是让"身体性"介入其中的工作逐渐开始展开。

この様な全世界的な思惟の流れの中で、日本の物派の胎動が始まり、高度成長の後遺症が出てくる頃、イ・ウファンを含む何人かの実験的作家達によって、今まで西欧が構築してきた世界＝表象の世界に対し、他者性の介入を通した浸透の構造を作り上げることで、偶然性が出会いを起こす、つまり「世界がありのままの世界」になるようにする作業、即ち、身体性を介入させた作業を広げて行ったのだ。

그 후 이우환의 글과 작품이 일본의「미술수첩」등에 소개 되고 일본뿐만 아니라 한국에 선보이면서 미술계에 큰 반향을 일으킨 것은 무엇보다도 서구중심으로 짜여진 사유의 틀 속에 무언가 신체에 맞지 않는 사유의 옷을 입고 있어야 하는 강박감에서 자유로워지고 싶어 하는 욕구와 함께 새로운 내발성에 기초한 미학적 지평이 열리는 것에 대한 기대감이 작용하였기 때문이라고 생각된다.

From then on the fact that Woo-hwan Lee's writing and artwork created a great sensation in the art world as it was presented not only in Japan's 'Art Notebook', a Japanese Art Magazine, but also in Korea, was more than anything else because of the expectation towards the opening of new aesthetic horizons based on new spontaneity along with the desire to break away from the compulsiveness to wear the somewhat unfitting clothes that mostly suit the Western-centered frame of thought.

在这之后，李禹焕的文字和作品陆续登上了日本的《美术手册》，不仅在日本得以发表，在韩国同样得以亮相，并在美术界引起了强烈的反响。这主要是因为，在以西方世界为中心构成的思想框架体系中，人们感受到了一种必须"穿着不合身的思想外衣"所带来的束缚感，所以大家在想要获得更多自由的同时，也期待迈入一个建立在"自发性"之上的美学新时代，而李禹焕的文字和作品正好满足了大家的期待。

その後、イ・ウファンの文と作品が日本の「美術手帳」などに紹介され、日本だけではなく韓国でも披露し、美術界に大きな反響を起こしたのは、何よりも西欧中心に構築された思惟の枠の中で、何か身体に合わない思惟の服を着ていなければならない強迫感から自由になりたい欲求と共に、新たな内発性に基づいた美学的地平が開くことに対しての期待感が作用したからだと思う。

필자가 일본 유학시절 이우환과 만난 시기는 1980년대 후반 서울 올림픽 이전이었는데, 그때 어느 전문잡지사의 요청으로 취재하기 위하여 긴자 거리의 찻집에서 대화를 나눈 시기 또한 한국의 고도성장기의 후유증이 서서히 지식인들 속에서 언급되고 자각하게 되는 때와 맞물려 있었다. 그 당시 동경 대학교 대학원에서 건축을 전공하던 터라, 건축과 철학적 사유체계 속에서 이우환의 글과 작품을 이해하고 해석하려고 했던 시기였기에 서구의 양식주의 논쟁에서 드러나는 두 가지 경향으로서의 Home과 House 즉, Home은 존재방식, 형식, 양식이 서로 자유로운 반면 House는 세 가지 개념의 일관성을 요구하는 세계관으로 전자는 신고전주의를 후자는 고딕복고주의를 주장하는 경향으로 나타났다. 이러한 Home과 House의 개념은 서구적 사유의 토대를 건물로 비유했던 플라톤의 사유체계의 흐름에서 근거를 찾고 있었다. 그러므로 서양의 철학적 체계와 건축적 체계 사이의 호환성이 존재한다는 전제 속에서 서구를 Home으로 보느냐 House의 시선 속에서 보느냐에 따라 전혀 다른 모습으로 서구가 포착되는데, 이우환의 경우 Home의 방식으로 파악하고 있다고 판단되었던 것은 그가 주로 서구 이성주의 비평 속에서 언급했던 상(像)의 문제 즉 오브제화의 모체가 된 세계와 표상의 문제가 계몽주의에 바탕을 두고 있었기 때문이다.

I first met with Woo-hwan Lee during my days of studying in Japan in the late 1980s before the Seoul Olympics. It was for a magazine interview at a tea house in Ginza, and was around the time that Korean intellectuals were beginning to mention and recognize the side-effects of rapid growth in Korea. At that time, I was doing my Ph.D. degree work of architecture at Tokyo University and was trying to understand and interpret Woo-hwan Lee's essays and works through architecture and a philosophical thinking system. The two tendencies in the debate about the concept of home and house in Western-style architecture can be summed up as home being free in its method of existence, style, and form, whereas house is a worldview that requires a consistency in all three concepts. The former inclined towards Neo-classicism while the latter advocated Gothic revivalism. Such ideas of home and house are based on Plato's flow of thought which compared the foundation of Western thought to a building. Therefore, under the premise that the systems between the Western philosophical world and architectural world are compatible, the West is seen in completely different views depending on whether the focus is on home or house. The reason that it was seen as home in Woo-hwan Lee's case was because the matter of image that he often mentioned in his critique of Western rationalism, i.e. the issue of the world and representation which derived the transformation into objects, had its basis in Enlightenment.

笔者在日本留学期间，也就是20世纪80年代举行"汉城奥运会"之际，受某个专业杂志社邀请进行采访，有幸见到了李禹焕。我们坐在银座的某个茶座交谈那段时期，韩国经济高速增长的后遗症问题也开始被知识分子提及。当时，本人在东京大学大学院学习建筑，所以十分迫切地想要从建筑与哲学的思想世界中理解和解析李禹焕的文字和作品。那时西方的样式主义思想形成了两个派别，即"Home"和"House"。"Home理念"认为存在方式、形式以及样式之间互不影响，而"House理念"则认为这三种概念之间应保持一致。前者提倡新古典主义，而后者提倡哥特式复古主义。人们在把西方的思想基础比喻成在建筑物的柏拉图思想体系中寻找"Home"以及"House"理念的依据。因此，在西方的哲学体系和建筑体系可以互相转换的前提条件下，把西方世界看作"Home"还是"House"决定了它截然不同的两种面貌。李禹焕更赞成"Home理念"，主要是因为在批评西方理性主义时所提及像的问题，即作为题材母体的世界与表象问题都是建立在启蒙主义的基础之上的。

筆者が日本に留学していた頃、イ・ウファンと出会った時期は、1980年代後半のソウル・オリンピック以前だったのだが、その時、ある専門雑誌社の要請を受けて取材をするため銀座街の喫茶店で彼と会話を交わした時もまた、韓国の高度成長の後遺症に対して、徐々に知識人の間で取り上げられ、自覚し始めた頃であった。その当時、東京大学大学院で建築を専攻していた頃であって、建築と哲学的思惟の中からイ・ウファンの文と作品を理解し、解釈しようとしていた頃だったので、西欧の様式主義論争に現れる二つの傾向としてのHomeとHouse、即ち、Homeは存在方式・形式・様式が互いに自由である反面、Houseは三つの概念の一貫性を要求する世界観として、前者は新古典主義を、後者はゴシック復古主義を主張する傾向として現れた。この様なHomeとHouseの概念は、西欧的思惟の基を建物に例えたプラトンの思惟の中から根拠を求めていた。即ち、西洋の哲学的体系と建築的体系の間に相互補完性が存在するという前提の中で、西欧をHomeとして見るのか、それともHouseの視線で見るかによって、全く違う形で西欧を捉えられるのだが、イ・ウファンの場合、Homeの方式で把握していたと判断したのは、彼が主に西欧の理性主義の批判の中で述べていた像の問題、即ち、オブジェ画の母体になった世界と表象の問題が啓蒙主義に基づいているためであった。

긴자의 조그만 찻집에 나타난 이우환은 경상도 시골 아저씨 같은 소박한 모습이 인상적이었는데, 30분간 서먹서먹한 분위기 속에서 선문답을 주고받듯이 대화는 이어졌고, 그런 분위기를 깨듯이 그가 던진 말은 "민족에 이데가 있는가!"라는 말을 남기고 자리를 일어났고 다음에 다시 보자는 간단한 인사를 나눈 후 헤어졌다.

몇 년 전 책방에서 우연히 「만남을 찾아서」라는 이우환의 책을 구입하고서 단숨에 읽었던 기억이 나는데, 그때의 인상은 25년 전 긴자의 찻집에서 만난 경상도 아저씨 같은 그가 선문답처럼 던지고 간 말의 여운과 서먹서먹한 긴장감 속에 마주 대했던 그와의 시선이 왠지 그의 작품에서 느껴지는 타자와의 대화법과 그리 멀리 있지 않다는 생각이 들었다.

The farmer-like appearance of Woo-hwan Lee who appeared at a small tea house in Ginza left a strong impression on me. Our conversation of exchanging Zen riddles went on for half an hour in the midst of awkwardness, and he broke it as he said "Is there an ideology in a people!" and stood up. After exchanging words to meet again, we parted.

I remember accidentally coming across Woo-hwan Lee's book, 'In search of Encounter' at a bookstore a few years ago and reading it in one sitting. The impression I received then was not that far from the impression I received from the time we met in a tea house in Ginza 25 years ago. The way he conversed with the reader was like the lingering after his Zen riddle-like words and glances we exchanged amidst the awkward tension.

犹记得当时在银座的小茶座里见到的李禹焕, 就是一副庆尚道农村大叔的朴素样子, 给我留下了深刻的印象。最初的半个小时, 气氛有些尴尬, 对话内容也如同是在做问卷调查。随后他的一句 "民族有家吗!" 打破了之前的气氛, 不过说完这句话后, 他便离席与我告别了。

几年前一个偶然的机会, 我在书店里买到了李禹焕的《寻找邂逅》, 并且一口气把它读完了。那时的感觉是, 那个25年前在银座茶座里遇见的, 如庆尚道大叔一般的他, 他所留下的话的余韵, 以及在尴尬紧张的气氛中相对而坐的视线, 与我在他的作品中所感受到的对话方式相距不远。

銀座の小さな喫茶店に現れたイ・ウファンは慶州道の田舎の小父のように素朴な姿が印象的だったが、30分間なれない雰囲気の中で禅問答を交わすように会話は続いて、この様な雰囲気を一掃する様にして彼が投げかけた言葉は、「民族にイデーがあるのか!」という言葉を残して席を立ち、またいつか会いましょうという簡単な挨拶を交わし別れた。

数年前、本屋で偶然に「出会いを求めて」という、イ・ウファンの本を購入し、一気に読み上げたことを思い出すが、その時の印象は25年前の銀座の喫茶店で会った慶州道の小父のような、彼が禅問答の様に投げ掛けた言葉の響きと、妙な緊張感の中で向かい合った彼との視線が、なぜか彼の作品に感じられる他者との会話の方式とそんなに離れていないことに気づいた。

이우환은 저서에서도 언급하였듯이 서구식 교육을 받았을 뿐 2항 대립적 구도에서 동양을 논하기를 극도로 자제하는 작가이다. 그의 언어와 사변 또한 서구 철학에 상당부분 근거를 두고 있다. 그러나 그의 사유방식을 굳이 언급하자면 Shed라고 말하고 싶다. Shed는 터를 중심으로 생각하는 사유방식이다. 그러므로 서구의 사유체계인 건물과는 사뭇 다르다. 터 사상은 틈과 여백을 개입시키고 터라는 형식 속에 다양한 타자를 끌어드린다. 틈은 여백을 자극하고 여백은 관계를 드러낸다. 즉, 여백은 상의 자기지시적 동일성의 구속을 이완시키고 틈을 구조화 한다는 의미에서 Shed = 만남의 사유라고 말할 수 있다.

As mentioned in his book, Woo-hwan Lee is a writer that strongly refrains from discussing the East from a binary oppositional stance although he was educated in the Western way. His language and speculations are also based on Western philosophy in a significant manner. However if I must, I would categorize his way of thought as shed. Shed is a way of thought that revolves around site. Therefore it slightly differs from the Western thought system of building. The idea of shed introduces gap and void, and attracts various others into a form which is shed. Gaps stimulate void, and void reveals relationships. In other words, shed can be equated with the thought of encountering in the sense that void relaxes the confinement of self-referential sameness of an image and structures gaps.

就像李禹煥在他的作品中所提到的那样，他只是接受了西方式的教育，他极力地克制自己在两项对立的构架中讨论东方世界。他的语言和思辨相当一部分都建立在西方哲学之上。但是，若硬要谈及他的思维方式，我想将之称为"Shed"。"Shed"是一种以"场"为中心进行考量的思维方式，与西方思想体系建筑截然不同。"场"的思想融入了空隙和留白，把各种各样的"他者"引入进"场"的形式之中——空隙刺激空白，空白表现关系。即，空白缓和了表象自我指示的同一性所带来的束缚感，并将空隙结构化。从这样的意义上来看，可以说"Shed=邂逅思维"。

イ・ウファンは著書でも述べている様に、西欧式教育を受けただけで、二項対立的構図の中で東洋を論ずることを極度に押さえる作家である。彼の言語と思弁もまた、西欧哲学に根拠を置いている。しかし、彼の思惟方式を敢えて言うなら、Shedと言いたい。Shedは場を中心に考える思惟方式である。つまり、西欧の思惟体系としての「建物」とは全く違う。「場」の思想はすき間と余白を介入させ、場という形式の中に多様な他者を引き込む。すき間は余白を刺激し、余白は関係を表す。即ち、余白の像は自己指示的同一性の拘束を和らげ、すき間を構造化するという意味でのShed＝出会いの思惟と言えよう。

内在性
忠真教会扩建设计

IMMANENCE
CHUNGJIN CHURCH

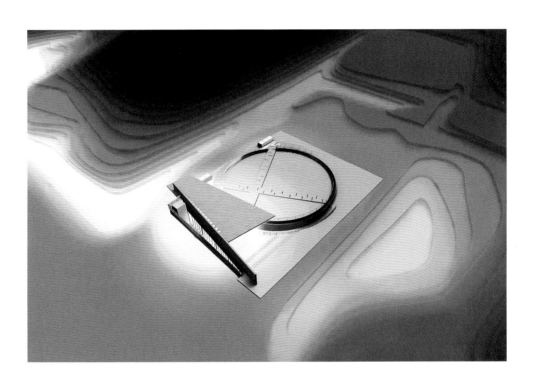

터에 대한 내재적 관계 방식

면중봉이라는 표현이 있다. 면 속에 봉이 있다는 것인데, 겉으로 보면 그냥 면이지만 사실은 봉이 감추어져 있기 때문에 무언가 다른 것이 면중봉이다. 한국 건축에는 면중봉의 심오한 세계를 건드린 작품들이 여럿 있는데 그 중에서도 종묘와 창경궁에서 그러한 정신적 면중봉을 강하게 느낄 수가 있다. 특히 종묘는 정전과 양녕전의 배치에서 느껴지는 깊이 있고 심오함에 이르는 공간배열은 지형의 힘을 적절하게 끌어들이면서 또 하나의 내부인 월대공간과 기둥이 도열되어있는 침묵의 장소로 이동할 때 강하게 감지하게 된다.

Immanent relation method for a site

The expression, 'stem in cotton', refers to a stem enclosed with a piece of cotton, implying that on the surface the cotton seems to be a plain piece of cotton, but concealed within it is a stem, giving it a different quality. Many pieces of Korean architecture reveal the profound world of 'stem in cotton', and the Jongmyo Shrine and Changkyung Palace are two models in which one can strongly feel the 'stem in cotton' spirit. From the placement of Jeong-jeon and Youngnyeong-jeon in the Jongmyo Shrine, one can experience profound space arrangement that takes advantage of the geographical features, strongly perceived while one progresses to the place of silence, another interior space lined along the columns.

关于 "场" 的内在关系方式

有 "绵里针" 这样一种说法，意指表面上看起来只是一团棉絮，却有锋芒隐藏其中。韩国建筑中有许多作品表现出了 "绵里针" 的深邃意蕴，其中尤以宗庙和昌庆宫为甚。身处其中，我们能够充分地感受到 "绵里针" 所体现的精神。特别是在宗庙，正殿与永宁殿的空间排列高深奥妙，充分利用了地形优势，在步入其内部的月台和列柱之间的静谧之地时，能够更加强烈地感知到这种奥妙的格局。

「場」に対しての内在的関係方式

綿中棒という表現がある。綿の中に棒が隠れているということなのだが、外で見ると普通の綿であるが、実は棒が隠れているため、何かが違うことが綿中棒ということである。韓国の古建築には綿中棒の奥深い世界を触れた 作品が幾つかあるのだが、その中でも宗廟(ゾンミョ)と昌慶宮(チャンギョン宮)においてその様な精神的綿中棒を強く感じることが出来る。特に宗廟は正殿と永寧殿(ヨンニョン殿)の配置から感じられる深みと奥深さに至る空間の配置は、地形の力を適切に引き寄せ、もう一つの内部である月臺(ウォルテ)空間と柱が堵列されている沈黙の場所に移動するときに、強く感知することが出来る。

창경궁의 숭문당과 통명전 그리고 경춘전 주변으로 구성된 장소의 힘은 은은하면서도 주변을 사로잡는 건물들과 지형의 대화에서 그 아름다움의 하모니를 느끼게 되는데 그것은 눈에 비춰지는 것 보다도 마음의 심상에 작용하여 여운을 남긴다. 이러한 심오한 장소만들기의 배후에는 터에 대한 내재적 관계방식을 충분히 소화해 낼 수 있는 정신적 기반이 견고하게 자리잡고 있기 때문이다. 이것이 바로 터를 사유의 중심에 두고 숙성시켜온 결과일 것이다.

The energy of the place composed around Sungmun-dang, Tongmyeong-jeon, and Gyeongchun-jeon of the Changgyeong Palace enables one to sense the beautiful harmony from the subtle yet captivating conversation between the buildings and the geography, leaving a resonance in the heart. This is possible because in the background of this profound creating of space, there exists a solid, spiritual base to embrace the immanent relation for the site. This is the result of ripening the site as the core of thought.

昌庆宫的崇文堂、通明殿和庆春殿周边所构成的场所有着一种力量，隐匿着却又能与周边建筑和地形"对话"，让人感受到和谐之美——而这种美触动人心。在这深奥的场所空间创作背后，有着充分消化"场"的坚实精神基础。这就是将"场"作为思维中心酝酿出来的结果。

昌慶宮(チャンギョン宮)の崇文堂(スンムンダン)と通明殿(トンミョン殿)、そして景春殿(ギョンチュン殿)周辺で構成された場所の力は、ほのかでありながらも周辺を引き寄せる建物と地形の会話で、その美しさのハーモニーを感じることが出来るが、それは目に映し出されるものよりも、心の心象に作用し響きを残してくれる。この様な奥深い場所作りの背後には、場についての内在的関係方式を十分に消化できる精神的基盤が強く成り立っているからである。

충진교회의 증축설계는 주변지형을 숙지하고 기존의 구본당 건물과 대로변의 우후죽순으로 들어선 건물들을 어떤 시선에서 바라보고 관계 맺음 해야 하는지부터 고민하지 않을 수 없었다. 또한 경쟁적으로 솟아오르는 신도시의 양적 팽창도 간과할 수는 없는 환경 요인이었다. 그러므로 이시대가 요구하는 교회건축이란 무엇인가부터 고민하지 않을 수 없었다. 교회건축은 내부적으로 예배와 교제를 위한 공간이 필요했고 외부적으로는 누구든지 와서 진정한 쉼을 얻을 수 있는 장소로서의 교회건축이 되어야 한다고 목표를 설정하였다.

In the design of the Chungjin Church extension, my foremost concern was to become familiar with the surrounding topography, and think about how to connect with the existing church building and buildings around it. The large quantity of competitive expansion in the new town was another imperative element. Thus the question of 'What kind of church building is this era looking for?' was crucial. The church craved internally, a space fit for worship and fellowship, and externally, a place where one could truly rest, and these became the goals for this project.

进行忠真教会的扩建设计时，首先需要考虑的问题就是，在熟知周围环境的前提下，应该以何种角度建立教会与原有教堂建筑和路边如雨后春笋般拔地而起的建筑群之间的联系。再者，新兴城市过度扩张，也成了一个不可忽视的环境因素。因此，我们不得不开始思考什么才是这个时代需要的教会建筑。我们将教会建筑的目标定位为：对内可以提供做礼拜和交际的空间，对外所有人都可以在这里得到真正的休息和放松。

チュンジン教会の増築設計は周辺の地形を熟知し、既存の旧本堂の建物と大通りの雨後の竹の子の様に建っている建物らをどの様な視線で捉えて、関係を結んだら良いのかを考えた。また、競争的に立ち上がってくる新都市の量的膨張も看過できない環境要因であった。それ故に、この時代が要求する教会建築とは何なのかを先ず考えなければならなかった。教会建築は、内部的に礼拝と交わりの場が必要であり、外部的には誰に対してもオープンで、癒しを得られる場所としての建築が成り立たなければならないと目標を立てた。

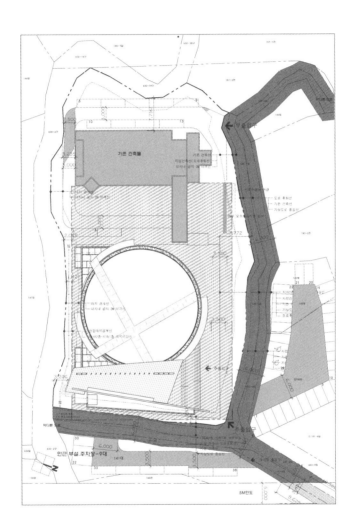

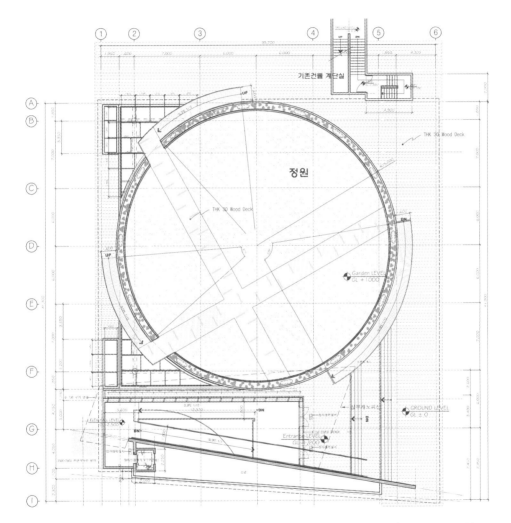

정원

THK 30 Wood Deck

기존건물 계단실

The 1st Floor Plan

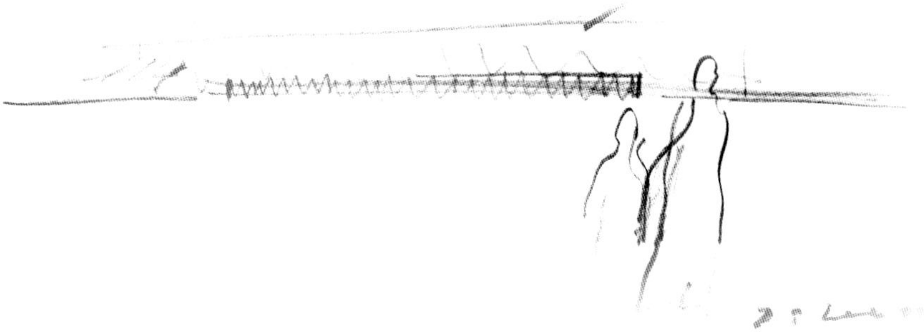

첫 번째로 방침을 세운 것은 모든 중요한 기능을 지하로 내려놓고 지상에는 출입구만 보이게 한 것이다. 그러므로 지상에 서는 나지막한 콘크리트벽과 케노피만 서있는데 이것은 대로에서 들려오는 소음과 진동을 철저히 차단하고 방문자가 심리 적으로 보호받고 있다는 느낌으로 아주 느슨한 경사로를 따라 천창에서 떨어지는 빛을 보고 내려갈 수 있도록 배치한 것이 다. 그리고 예배공간에 이르는 과정에 마음을 정리할 수 있도록 긴 통로공간에서 콘크리트 벽에 부딪히는 빛의 표정만 느 껴질 수 있도록 배려하였다.

The first solution was to put all important programs underground, with only the entrance and exit being seen above the ground. With only the low concrete walls and canopies standing above the ground, this would thoroughly block the noise and vibration from the street, allowing visitors, who would go down a gentle slope under light falling from the ceiling, to feel safe. Also, the course to the worship area was designed to allow the visitor to feel the light reflecting off the concrete wall helping to sort his or her mind.

首先，设计制定了将主要功能置于地下，地上仅设出入口的方针。因此，地面上只矗立着低矮的水泥墙和顶篷。这种 设计彻底地隔绝了路边传来的噪声和振动，使访客在心理上得到安全感。沐浴着从天窗上洒射而下的阳光，访客可以 沿着平缓的斜坡而下，进入教堂。此外，在通向礼拜室的长长的通道上还应用了特殊的设计，访客可以感受到光线投 射在水泥墙上，从而可以在礼拜开始前更好地调整自己的心情。

最初に方針を立てたのが、全ての重要な機能を地下に下ろし、地上には出入り口だけを残す様にすることであった。す なわち、地上からは低めのコンクリートの壁とキャノピーだけが建っているのだが、これは大通りから聞こえる騒音と振 動を徹底的に遮断し、訪問者が心理的に保護されているという感じで、とても緩いスロープに沿って、天井から落ちてく る光を見ながら下りれる様に配置したのである。そして、礼拝空間に至る過程で心を整理することが出来る様に、長い 通路空間ではコンクリートの壁にぶつかる光の表情だけを感じられる様に配慮した。

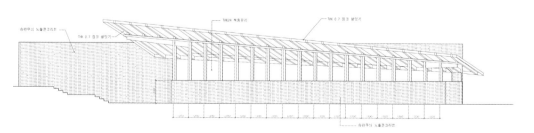

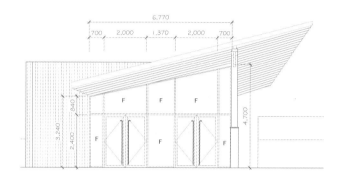

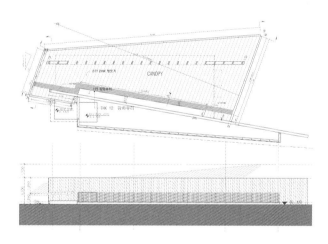

둘째로 복층으로 구성된 대예배실 상부는 잔디로 덮여 있어서 누구든지 와서 쉴 수 있도록 오픈광장을 마련하였다. 이 원형 오픈광장은 교회의 마당 공간처럼 사용되어 이 지역의 여러 방문자들에게 쉼을 제공하기 위한 것이다.

Secondly, the top of the two-story main worship hall was created to be an open space covered with grass for anyone to come and rest. This circular space may be used as a courtyard, providing rest to those who visit this area.

其次，复式大礼拜室的上部屋顶空间还设计了开放广场。这里绿茵覆盖，大家都可以得到休息和放松。这个圆形的开放广场就如同教会的庭院，为许多访客提供了休息的场所。

二つ目に、複階になっている大礼拝室の上部は芝で覆われていて、誰でも来て休められる様に、オープン広場を作った。この円型オープン広場は教会の中庭空間の様に使用され、地域の多くの訪問者へ憩いを提供するための場所である。

셋째로 지하공간에 자연채광을 비추어서 내부의 어두운 공간과 외부의 밝은 빛의 만남을 통해서 심층적인 공간구조를 경험할 수 있도록 구성하였다.

Thirdly, visitors are able to experience a profound spatial structure through the encounter between the dark space inside and natural light that is channeled underground.

第三，地下空间采用自然光。内部昏暗的空间与外部明亮的光线互相交汇，让访客可以体验到更深层次的空间构造。

三つ目に、地下空間に自然採光を照らし、内部の暗い空間と外部の明るい光の出会いを通して、深層的な空間構造を経験できる様構成した。

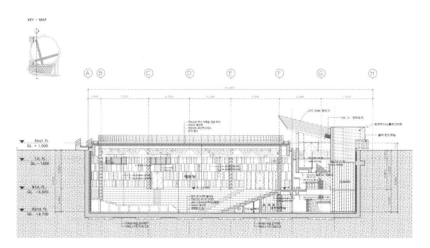

KEY — MAP

A B C D E F G H

Section

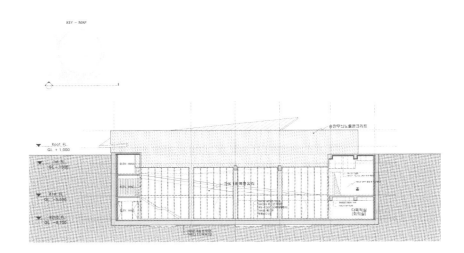

Section

충진교회의 장소만들기는 기존의 터 위에 구성된 자연지형과 신시가지의 팽창 메커니즘을 어떻게 적절히 제어 하면서 조화시키느냐를 두고 고민한 결과 중요한 시설물을 지하로 내리고 지상부에는 은유적인 장소 이미지만 남겨놓고 철저히 침묵시키는 방법을 택함으로써 오히려 공공성을 확보하고 기존 터에 대한 공동의 기억을 불러 일으키는 방법을 고안하게 되었다. 그러므로 장차 충진교회의 터가 지역의 도상학적 기호로 읽혀질 수 있도록 하는 것이 건축가의 바램이다.

For the placemaking of Chungjin Church, it was necessary to think about how to appropriately control and balance the natural geographical features of the site and expansion mechanism of the new town. As a result, the main functions were placed underground, creating silence by leaving nothing but metaphoric images above, securing public interests and bringing collective memories of the site. And so, the architect's desire is for the site of Choongjin Church to be read as a landmark of this area in the future.

在建造忠真教会的场所时，设计者就对如何控制和协调构成现有"场"的自然地形以及其与新兴城市的发展机制之间的关系进行了考量。最终决定将重要设施建于地下，地面上仅保留隐喻性的场所标识。这样的设计反而创造了对公共性的保障，唤起人们对于现存"场"的共同记忆。建筑师希望，将来忠真教会的"场"可以成为当地的地标。

チュンジン教会の場所づくりは、既存の場の上に構成された自然地形と、新しい町の膨張メカニズムをどの様に適切に制御し、調和させるかを悩んだ結果、重要な施設物を地下に下ろし、地上部には隠喩的な場所のイメージだけを残して、徹底的に沈黙させる方法を選ぶことによって、むしろ公共性を確保し、既存の場についての共同の記憶を呼び起こす方法を考えた。したがって、この先チュンジン教会の場所が地域のイコノグラフィー的記号として残るように様にすることが建築家の願いである。

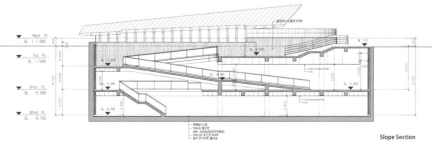

Slope Section

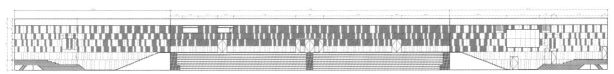

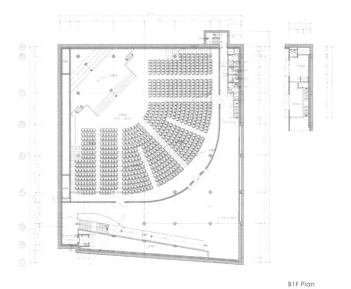

B1F Plan

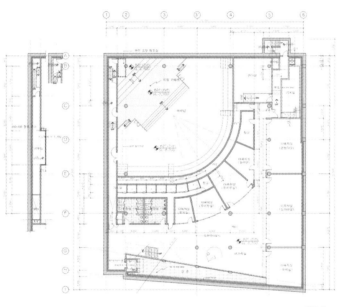

B2F Plan

访谈　INTERVIEW

이 이번에 왜 〔서·축〕전인가? 왜 로쿠스 디자인 포럼인가? 이런 의미들이 어떠한 구도에서 이런 생각이 나오고, 진행을 하고 있는가`에 대해 분명한 우리의 좌표축이 나와야 할 것 같습니다.

이 시대가 이미 모더니즘은 20세기 중 후반에는 기울기 시작했고 20세기 후반에는 포스트모더니즘이 나왔는데, 그 이후에는 포스트모더니즘도 쇠약해졌습니다. 이런 맥락에서 과연 지금은 무슨 시기인가 생각해보면 문화적, 정신적 공백기가 아니겠냐는 거죠.

그런데 서양의 경우는 이미 여러 번 문화적, 정신적 위기가 있어왔어요. 18세기에 산업혁명과 함께 위기가 한번 왔었고, 그

Thursday, September 27, 2012. The first interview

Lee What I would like to discuss is the significance of the Locus Design Forum. We need a clear sense of direction in regard to the fundamentals of the Forum, such as where these ideas are originated from, and the direction they are headed.

Modernism has been on the decline since the mid-20th century, and Postmodernism arose subsequently, but it declined not long after it began. In this context, we suppose that the present stands as a cultural and mental gap. Well, the West has already experienced such gaps several times, first during the Industrial Revolution in the

2012年9月27日，星期四，第一次对话。

李：这次我们要围绕"为什么是'书·筑'展？为什么是Locus Design Forum？这样的想法和方式是依据怎样的结构进行策划的？"，从这样的问题找出我们明确的坐标方向。

"现代主义"在20世纪中后期已经开始衰退，而20世纪后期出现的"后现代主义"也继"现代主义"之后渐渐开始衰退。在这样的历史脉络下，如果要给"现在这个时代"下一个定义，那我想说：我们现在正处于文化和精神上的"空白期"。

但是，西方已经历了数次的精神与文化危机。随着18世纪产业革命来袭，他们经历了一次危机；之后，第一次世界大战前后，包括达达主义，也经受过一次严重的恐慌。在这样的环境下，他们不断地思考"究竟什么样的精神才能引导我

2012年9月27日木曜日。一番目の会話。

李 今回、『なぜ、「書・築展」なのか。なぜ、ローカス・デザイン・フォーラムなのか。どんな構図でこの様な考えと内容で進めているのか』について、明確な私たちの方向性が表示されなければならないと思います。

モダニズムは20世紀中後半には傾き始めて、20世紀の後半にはポストモダニズムに入ってきて、これ以降はポストモダニズムも弱まってきました。この脈略では、果たして今どういう時期かということを考えてみれば、文化的・精神的な空白期ではないかと思われます。

西洋の場合、すでに何回かの文化的・精神的な危機が迫って来てました。18世紀には産業革命と共に危機が一度迫って

후에도 1차 세계대전 전후에서도 다다이즘을 포함해서 엄청난 공황상태가 왔었죠. 그러한 상황 속에서 '과연 어떠한 정신이 앞으로의 이 시대를 비춰 나갈 것인가'에 대해서 상당히 고민했던 거죠. 그럴 때마다 사실, 새로운 구원투수가 나타나서 내부적으로 하나의 답을 찾아가는 방법과 외부적 요인에 의해서 새로운 자극을 받아 찾아가는 방법도 있었어요. 그러한 부분에서 우리와 다른 위기관리능력이 있다고 봅니다.

그러나 우리나라의 경우, 그러한 위기관리능력에 있어서 여태까지는 서양모델을 쫓아가는 것에 급급했습니다. 우리나라는 유럽이나 일본보다 시대적 간격(span)이 짧은, 1950년대 후반부터 "우리의 것이 무엇인가?"를 고민하게 되었습니다.

그러한 관점에서 우리자신을 정확하게 비춰볼 수 있는 거울을 하나의 정신으로 본다면, 그 정신을 찾는 것이 '로쿠스 디자인

18th century, then during Dadaism before and after the First World War. During this period of crisis, they put a considerable amount of thought into what type of mentality is needed to tread through those particular times. Each time, the answer was found through either a newfound internal reliever or a fresh external stimulus. This demonstrates their way of dealing with crisis, which differs from ours.

For a long time, Korea was caught up in shadowing the Western model. In the late 1950s, we began to ponder about what is solely ours.

In this respect, if we were to regard the mirror that accurately reflects us as a spirit, the main direction of the

们走出这个时期？"。而每当这个时候，都会有一个新的"救球手"出现，找出自身存在的原因，同时受外部影响而找到走出危机的答案。他们在这方面有着和我们不同的处理危机的能力。

韩国是在20世纪50年代末，才逐渐开始思考"什么是真正属于我们的？"。这与欧洲和日本相比，时代的间隔时间相对短了很多。所以在处理危机能力方面，韩国始终处于忙于追寻西方的模式。

从这一观点出发，如果把能够正确反映出我们自身的"镜子"看成一种精神，那么我想，这种精神的追求正是"Locus Design Forum"的一个重要坐标轴。

所以在这里请问崔老师，您能跟我们分享一下您在做书过程中所体现的"我们的精神和精神的根本"是什么吗？

きて、その後の第1次世界大戦前後でもダダイズムを含めた大きいパニックが起こりました。こんな状況で「果たしてどんな精神が今後のこの時代を照らしてくれるのか」について相当な悩みを抱えていました。そんな時に、実は新しい救い主が現れ、内部的に一つの答えを求める方法と、外部的な要因からの新しい刺激を受けて求める方法もありました。私たちとは違う危機を管理する能力があったとも言えます。

しかし、韓国の場合、これまでは西洋のモデルを追っていくことに夢中でした。韓国はヨーロッパや日本より時代的間隔(span)が短い、1950年代の後半から、「私たちのものは何なのか」について悩み始めました。

この様な観点から私たちを正確に照らし出してくれる鏡を一つの精神と見るならば、その精神を探すことが「ローカス・

포럼'의 중요한 좌표축이지 않나 생각합니다.

그래서 여쭤보고 싶은 것은 최선생님이 책을 만드는 과정 속에서 '과연 우리의 정신, 우리의 정신적 토대라는 것이 무엇인가'부터 이야기를 나누어 보죠?

최 종묘의 아름다움이 무엇이냐고 물으신다면, 저는 자연스러움이라고 생각합니다. 정서적으로 우리나라는 자연을 극복하는 쪽보다는 순응하는 쪽이었어요. 동양의 피라는 것과 디자인의 정서도 극복의 과정보다 순응하는 과정이 많이 반영되는 것 같습니다. 우리의 것이 문화적으로 보면 굉장히 숙성되어있지 않나 생각합니다. 개발적인 측면에서는 미진할지 몰라도 문화적인 관점에서는 굉장히 숙성되어 있어요.

Locus Design Forum would be to find the basis of our spirit and speculation when searching for our mirror.

Therefore, I would like to ask you how you would explain our spirit and foundation in the process of making the book.

Choi If anyone were to ask what the most beautiful thing is about Jongmyo (Royal Ancestral Shrine), I would say its naturalness. In terms of sentiment our culture has had a tendency to adapt to nature rather than overcome it. The sentiment of Eastern design reflects more adjusting processes rather than overcoming. From a cultural perspective, what is ours may be more mature than it seems despite its shortcomings in terms of

崔：如果有人问什么是宗庙的美，那我的答案就是"自然之美"。从情感角度来讲，我们韩国尊崇的是顺应自然而不是征服自然。不仅如此，整个东方的血脉和设计的情怀也反应出对自然的顺从而非征服。从开发的角度来讲，这可能略逊一筹；但是从文化角度来看，我们所拥有的文化可谓相当成熟。

对于设计，我同样秉承着"越自然越好"的观点。刚刚您提到过"我们是否把属于我们的东西，通过我们的语言和精神，传达给西方呢？"。我觉得您这种想法的出发点更倾向于经济逻辑，而不是文化的角度。不管是哪个国家，在经历苦难的时候很难考虑文化层面，进入和平时期以后则开始推广文化，使促使其繁荣发展；而这个阶段都是在人均年收入达到两万美元时方能开始的。我们"寻找自我"的时间已经不短，而距离将其传到西方的时候也不远了。现在我

デザイン・フォーラム」の大事な座標軸になるかと思います。

それで、お尋ねしたいことは、チェ先生が本をお作りになる時に考えられる「私たちの精神、私たちの精神的な土台は何なのか」と言うことからお話を進めましょう。

崔 宗廟の美しさは何なのかと言うことを聞かれますと、私は自然的と答えます。情緒的に韓国は自然を克服するのではなく、順応するほうでした。東洋のデザインの情緒も克服の過程よりは順応する過程のほうが多く見られます。私たちのものが文化的にはとても熟成しているのではないかと思われます。開発的な側面ではまだ足りないかも知れませんが、文化的な観点ではとても熟成しています。

디자인에 대한 저의 생각도 본래 있던 것처럼 자연스러운 것이 가장 좋다고 생각해요. 아까 말씀하셨던 것 중에서 '우리의 것으로 우리의 언어로 정신으로 서양에 전달이 된 적이 있는가?' 반문하셨는데, 저는 그것이 문화적인 측면보다 경제적인 논리로 본 것이 아닌가 싶습니다. 어느 나라든지 힘들 때에는 문화라는 코드를 찾는 것이 굉장히 어렵지만, 조금 편해지면 '문화'라는 것이 번성하는데, 그게 보통 소득 2만불 시대부터 그렇다고 합니다. 우리의 것을 이미 찾기 시작한지 꽤 됐고, 그것들이 서양으로 전달될 시기도 멀지 않다고 생각하죠. 단지 지금까지 없던 것은 뒤쳐졌던 것이 아니라 잠재되어 있었다고 생각해요. 디자이너 코드를 서양 디자이너들과 견주어 볼 때 우리 동양 디자이너들은 결코 동양적인 것에서 벗어날 수가 없어요. 그렇게 타고났고 그렇게 살아왔기 때문에 그것이 반영될 수밖에 없습니다. 이러한 관점에서 보면 문화적 깊이 같은 것

development.

I believe that design is best when it is natural, like it was always there. What you mentioned earlier about whether our things have been delivered in our language or not, I see this in the aspect of economy rather than culture. It is difficult for culture to develop in any given country that is struggling economically. They say that GDP per capita must be at least $20,000 in order for a culture to form and develop. It has been a while since we started searching for what is ours, and we are approaching a time when we may pass what is ours on to the West. What we did not have before, we were missing because it was latent, not non-existent. The things that were missing

们缺乏的，我认为不是因为我们落后，只是它还处于一个潜伏阶段。与西方设计师相比而言，我们东方设计师归根结底还是脱离不了东方文化——这是我们生平所学，也是我们最擅长的，也就不可避免地被我们反映出来。从这点来看，我们所持的文化深度虽然还没有传到外界，但是对我们自身而言却已经是相当成熟的。如果把东西方在同一层面上所表现出来的东西做比较的话，我觉得东方的表现手法更胜一筹——沉稳、端庄、优雅，如同酵母般发酵成熟的感觉。这些都是非常优秀的。

李：原来如此。那么对于"在西方的视觉语言体系中，我们的文化是否具备普遍性和有效的传达能力？"。这个问题您又是怎么看的呢？

デザインに関する私の考えも元からあったように自然なものが一番良いと思います。先ほどお話されたことの中で「私たちのもので韓国の言語と精神で西洋に伝達をしたことがあるのか」と反問されましたが、私はそれが文化的な側面より経済的な論理で見たことではないのかと考えました。どんな国でもつらいときは文化と言うコードを探すことが難しいが、少し楽になると「文化」と言うものが繁盛してきます。それが普通は所得2万ドルの時代からだと言われます。私たちのものを既に探し始めてから結構の時間が経ちましたし、それらが西洋に渡る時期も間もなく訪れると思います。ただ、今までなかったものは滞っていたのではなく、散在していたのだと思います。デザイナーコードを西洋のデザイナーたちと比べてみて私たち東洋のデザイナーは、決して東洋的なものから自由になることができません。そのように生ま

들이 전달이 안됐을지 모르지만, 스스로에게는 이미 숙성되어 있다고 생각됩니다. 동양과 서양이 같은 선상에서 표현하는 것을 비교해보면, 저는 동양의 표현법들이 굉장히 훌륭하다고 봐요. 조용함, 겸손함, 기품, 그리고 효소처럼 발효된, 숙성된 느낌이 훌륭하다고 생각합니다.

이 그렇군요. 그런데 "그럼에도 불구하고 과연 우리 것이 서양의 시각적 언어체계에 버금 갈수 있는 보편성과 전달력을 가지고 있는가?"하는 점에서는 어떻게 생각하세요?

최 저는 그러한 점에서도 접점이 없었을 뿐이지, 접점만 생긴다면 가능하다고 봅니다. 서양 사람들이 우리를 파악하지 못해서 느끼지 못하는 것들이 너무나 많아요. 서양 사람들이 우리를 깊게 관찰하거나, 연구했던 것은 별로 없는 것 같아요. 그래

before were only hidden, not turned over. When comparing the scheme of design between Western and Eastern designers, Eastern designers find it difficult to escape the Eastern spirit. They were born this way and have spent their whole lives this way ever since, which is why they cannot help but reflect it in their designs. In this perspective, whether or not cultural depth is conveyed, I believe that it has already ripened within us. When I compare Western design with Eastern one, the Eastern expressions are quite magnificent. The silence, modesty, elegance and maturity in our design are splendid like those of enzymes.

李 I see. But I would like to ask you this: Nonetheless, do you really think that our designs hold universality and

れてきて、育ってきたので、それらが反映されるしかないのです。この様な観点で見ると、文化的な深さのようなものが伝わらないかも知れないが、自らには既に熟成されていると考えられます。東洋と西洋が同じ線上で表現したものを比べてみると、私は東洋の表現法がとてもすばらしいと思います。静か、謙遜、気品、そして酵素のように発酵された、熟成された感じがすばらしいと思います。

李 それにも関わらず、「我々のものが西洋の視覚的言語システムに次ぐ普遍性と伝達力を持っているのか」という事に関してはどう思いますか?

崔 私はそのような点でも接点が無かっただけで、接点だけあれば可能になるかと思います。西洋の人々が我々を把握

서 솔직히 말해서 저는 동양의 것이 전달이 안 된 것 보다 아직 드러나지 않았을 뿐이라는 생각이 더 강합니다.

동양이라는 것은 굉장히 아름답고 겸손해요. 그래서 애틋한 부분이 있어요. 교수님께서 하신 고민과 똑같은 고민을 디자인 쪽에서도 합니다. 지금까지는 서양디자인이 주를 이루었죠. 그 많은 것들은 산업혁명 이후 경제력으로 일방적으로 밀고 들어온 것이 많습니다. 따라서 우리의 언어로 된 디자인이 저들에게 실행된 것은 얼마 없었어요.

근본적 문화적 차이는 있습니다. 하지만 가야금을 서양 사람들이 잘한다고 해도 정신까지 가지고 가긴 쉽지 않듯이 같은 맥락에서 우리가 서양의 음악을 이해하기 쉽지 않듯, 동양과 서양의 것은 서로 다른 독립적인 것이라고 생각해요.

제가 어느 날 잡지 디자인 할 때 우리나라 태극기에는 건곤감리를 레이아웃의 한 형태로 활용한 적이 있는데, 굉장히 아름답

capability of communication that exceeds the language system of the West?

Choi What we are missing is the point of contact. Once we find that point, I see it possible. There are so many things that Westerners cannot identify with because they don't fully understand us. They have never really observed or researched us in depth. That's why I honestly think that there are many things about us that have not yet been revealed, as opposed to not having been transferred.

The East is very beautiful and humble. There's something affectionate about it. The issues that you brought up are also there in design. Until now, Western design has been dominative. Much of these pushed their way

ができないために感じられなかったことが多くあると思われます。西洋の人々が私たちを注意深く観察したり、研究したことはあまり無いです。なので、正直、私は東洋のものが伝わっていないのではなく、いまだに見えていないだけだという考えが強いです。

東洋と言うものは、とても美しく、謙遜であります。ですので、切なく心残りのある気がします。李教授が考えていた事と同じ悩みをデザインの方でもします。今までは西洋のデザインがメインでした。その多くが産業革命以来、経済力で一方的に押し入ってきたものです。韓国の言語でできたデザインがその人々に実行されたことはありません。

根本的な文化の違いはあります。しかし、カヤグムを西洋の人々がうまく演奏するといって、精神までも持っていくことは

더라고요. 동양이나 우리나라가 가지고 있는 전통적 도형과 철학이 디자인에 반영이 되면, 아마 서양과 굉장히 다른 독특하고 아름다운 것들이 얼마든지 표현될 수 있다고 생각합니다.

이 그렇군요. 사실 우리가 그러한 깊이는 가지고 있는데 그것을 "우리의 신체적 언어, 우리에게 가까이 있는, 우리의 육화된 언어를 가지고 어떻게 하면 그들에게 전달할 수 있겠는가?" 하는 고민들, 머리로 생각하고 머리로 느끼는 것들을 표현해서 전달하는 것은 어렵지 않다고 생각하는데, 우리의 깊이 있는 신체적 언어를 가지고 그들에게 우리의 표현을 한다는 것은 앞으로 큰 과제가 아니겠는가 하는 생각을 하는 거죠.

이번에 건축과 책의 협력 작업을 통해서 새로운 언어와 개념을 발신 매체로 만들자 라는 의도가 있는 것도 사실은 '각자가

in economically after the Industrial Revolution. Therefore there wasn't much of our design practiced among them.

There is a fundamental difference in culture. But as it is difficult to carry the spirit of Korea no matter how well a Westerner plays the Gayageum *Korean string instrument, it is also difficult for Koreans to completely understand Western music. This shows that these two are quite different and independent.

Once when I was designing a magazine, I made a layout using the design of the Korean flag and realized how beautiful it was. When we apply the traditional shapes and philosophy of Korea or the East into design, the

崔：我觉得这主要是因为两种文化都还没有找到彼此的交点。因为他们对我们还不够了解，有很多元素西方人都无法体会。我觉得西方人还没有真正深入地观察和研究过我们。说实话，其实我觉得东方的东西不是没有办法传达，只是暂时还未崭露头角罢了。

东方的文化兼具美丽与谦逊这两个特征，里面有种深深的情怀。李教授所苦恼的问题，同样存在于我们设计行业。到目前为止，西方设计还占据着主导地位，其主要原因是西方设计在工业革命以后以经济实力为基础被单向地强行推广，所以，用我们"自己的语言"来设计的东西就很少了。

东西方文化还存在着本质上的差异——就好像外国人弹奏伽倻琴，即便弹得再好，也无法将其精髓表现出来；而我

簡単では無いことと同じ流れで、私たちが西洋の音楽を理解できないように、東洋と西洋のものはお互いに違う、独立的なものだと思います。

私がある日、雑誌のデザインをしていた時、韓国の国旗の「テグッキ」には乾坤坎離をレイアウトの一つの形態として活用したことがありますが、とても美しかったです。東洋と韓国が持っている伝統的な図形と哲学がデザインに反映されるとしたら、恐らく西洋とは大きい違いがある独特な美しいものがいくらでも表現できると考えられます。

李 そうなんですね。実は、我々がそのような深さは持っているが、それを「私達の身体的言語、私達の近くにある、私達の体化した言語を持って、どういう風に人々に伝えるべきか」という悩み、頭で考え、頭で感じる、表現し伝えられるこ

가지고 있는 조금 더 가까이에 있는 것들, 우리의 신체언어가 어떤 식으로 더 개발될 수 있는가? 어떤 가능성을 가지고 있는가?'를 냉철하게 볼 수 있는 계기로 중요한 의미가 있을 거라 생각합니다.

최 글쎄요, 제가 디자이너인 타이포그래퍼(typographer)가 아니기 때문에 정확하게 구조적, 사회적 책임감 같은 것은 모르겠지만, 아무래도 저희가 [서·축]전을 한다는 것의 의미가 전에도 말씀하셨지만, 물성에서 시작해서 의미로 끝난다는 말씀 즉, 물체로 다루어 져야지만 그 일이 끝나고 나서 의미가 생긴다고 말씀 하셨잖아요. 집도 물건으로 받지만 삶은 그 안에서의 의미가 생기고, 책도 물건으로 받지만 일 끝나면, 그 안의 의미가 생긴다고 말씀하셨잖아요. 그게 굉장히 비슷한 구조를 가졌기 때문에 우리가 결국은 같이 작업을 한다고 봐야 하죠. 새로운 언어를 만들어내는 것보다, 공통의 언어가 무엇

outcome will be very characteristic and beautiful in a way different from the West.

Lee I understand. We certainly have the potential. And issues of delivering our ideas using our incarnated language is not too challenging. Our future challenge would be using this incarnated language to express what lies deeper in our minds.

This collaborative work between architecture and book design is significant in that it's an opportunity through which we can level-handedly judge the potential of developing our physical language through a new language and concept.

们也无法轻易领会西方音乐一样。东西方文化都各自存在着相互独立的一面。

记得有一次在做杂志设计的时候，我曾利用太极旗"乾坤坎离（八卦图）"的图形来排版，结果相当地好看。如果将我国或是其他东方国家所拥有的传统图案和哲学反映到设计上，相信会更加充分地表现出有别于西方的独特而美丽的东西。

李：是的，我们已经拥有这样的深度，问题就在于怎样才能用我们的肢体语言，我们所熟悉的、同时也是属于我们自己的语言来向他们进行传达。把用头脑来思考和感受到的东西表现出来其实并不是很难，难度在于如何运用我们深奥的肢体语言加以表现。这是我们将要面对的一个重大课题。

とは難しく無いと思われるが、私達の深さのある身体的言語を持って、その人々に私達の表現をするということは、これからも大きい課題になるのではないかという考えをしているのです。

今回、建築と本の協力作業を通して、新しい言語と概念を発信媒体に使用するという意図があることも、実は「各自が持っている、少しでも近くにあるもの、我々の身体的言語がどのような方式で開発できるのか、どのような可能性を持っているのか」を冷徹に見る契機として重要な意味があると考えられます。

崔 そうですね…。私はタイポグラファーじゃありませんので、正確に構造的・社会的責任感などはよくわからないのですが、どうしても私たちが「書・築展」をするということが、以前にもお話いただきましたが、物性から始まり、意味で終

인가 찾는 것이 지금 굉장히 중요하다고 생각합니다. 그런데 공통의 언어조차도 별로 시도를 해보지 않았기 때문에, '우리가 만들어낸 공동의 언어, 서로 공통화 시킬 수 있는, 상호 보완할 수 있고, 공통으로 느낄 수 있는 것들을 한번 점검해 보자. 그 것이 만났을 때 또 어떤 것이 생겨서 어떤 아름다움을 창출해 낼 수 있는가?' 라는 측면에서 계획해보자는 것에 기대를 많이 했어요.

그런 가운데 신체적 언어로 한글에 대한 이야기가 나와서 이것저것 생각해 보았어요. 사실 한글은 구조적으로 3단의 높이 를 가지고 있어요. 그런데 그 구조라는 것이 단순하게 신체, 입에서 나왔다는 거잖아요. 이것저것을 볼 때에 우리나라의 아 름다움은 자연스러운 아름다움인 것 같습니다. 그러한 아름다움이 건축에 어떻게 부합할 수 있을까? 하는 생각을 했어요.

Choi Well, I don't know much about structural or social responsibility since I am not a typographer, but as you have expressed, the purpose of this Locus Design Forum is to remind us that in order to have a meaning, the ideas in our heads need to be materialized. A house itself is just an object, but finds meaning when life is inside it, and a book is just a bunch of paper but when it is completed, people find meaning in it. Because these two are very similarly structured we could say that we go through similar processes. I believe that unearthing a universal language is key, rather than inventing a whole new one. But as we have been lacking in attempting to find this universal language, let's examine the things that we have accomplished: the common

わるという話、すなわち、物体で扱われてこそ、その事が終わってから意味が与えられるとお話されましたよね。家も物 として受け取りますが、生活や暮らしはその中で意味が生まれ、本も物として受け取るが、仕事が終わると、その中で意 味が生まれるとお話されましたよね。それがすごく似た構造を持っているために、私たちが一緒になって作業をすると見 るのが正しいでしょう。新しい言語を作るより、共通の言語が何なのかを探す方が今はもっと重要ではないかと思いま す。だが、共通の言語さえもあまり試みていないので、「私たちが作り出した共通の言語、お互い共通化できる、相互補完 ができて、共通に感じられるものを一度点検してみよう。それらが会ったときに、また何かが生まれてどんな美しさを創 出できるのか」という側面で計画することに期待を膨らませていました。

전에 하셨던 말씀을 생각해 볼 때 구조적으로 그렇게 볼 수도 있겠다는 공감대는 먼저 받았는데, 그렇다면 그게 건축에 적용이 됐었나, 전통 건축에도 그러한 영향이 좀 있었나 하는 의문점이 생기더라고요. 교수님께서는 어떻게 생각하시나요?

이 저는 개인적으로 우리나라 건축물들 중에 조금 더 중국적인 특색보다 한국적인 특색을 많이 갖게 된 시대가 개인적으로는 이조 시대라고 생각하고 있어요. 특히 이조 시대의 사대부들의 집을 보면, 정말 휴먼스케일 감, 공간의 질, 장소를 다루는 방법 등을 통해 우리가 잘 만들었다고 여겨지는 건축물들이 그 시대의 건축물들이 많아요. 민가나 사대부들의 집들이 그때 만들어진 명 건축들이 많은 것으로 알고 있어요. 물론 그 시대에도 한문을 병행해서 썼지만, 한글이라는 것이 우리의 신체적 언어라는 측면에서 상당부분 사유에 있어서의 조금 더 분명한 체계를 제공하는데 역할을 하지 않았나 하는 생각이 듭니다.

language that we've created, the things that can supplement each other, and which we can identify with. What kind of beauty can come of these things coming together? This was the aspect that I was personally looking forward to when planning this event.

The topic of Korean characters as a physical language made me think. Korean letters actually have a structure of three levels. And these levels are all based on our body, that is, the mouth. From this, we realize that beauty of Korea relies on naturalness. I've begun to wonder how this beauty can correspond with architecture. When I reflect upon what you said earlier, my first impression was that it may be possible to see from the perspective

通过这次"建筑与书"的协同合作，把新的语言和概念通过媒体发行的意图其实也可以看作是对"我们各自所拥有的，且离我们更近的是什么？我们的肢体语言要以怎样的方式来开发？而可能性又有多大？"等等这些问题加以冷静判断的一个契机，自然有着很重要的意义。

崔：恩，毕竟我不是做出版人，所以对其结构和社会责任感不是很了解，但是之前您也提起过举办这次"书·筑"展的意义，就是从物质的本质出发并以其意义完结；换句话说，就是将其物化，并在其成形之后体现某种意义。房子只是一个物体，但在房子里的生活却是有意义的；一本书也只是一个物体，但是被读者阅读，便会产生意义。这两件事物有着相当类似的结构，我想这就是我们在一起工作的原因。比起创作全新的语言，更重要的是去寻找我们共同的语

そんな中、身体的言語でハングルについての話が出てきて、色んな事を考えてみました。実は、ハングルは構造的に3段階になっています。しかし、その構造と言うのが単純に身体の口から作られたということでしょう？色んなことを考えてみると、韓国の美しさは自然な美しさだと思いました。この様な美しさがどの様に建築と合わせられるのかを考えました。以前、お話されたことを考えてみると、構造的にその様に見ることも出来るんだなという共感を覚えましたが、そうだとすれば、それが建築に適用はされたのか、伝統建築にもその様な影響があったのかという疑問点が浮かび上がりました。李教授はこの点についてどう思ってらっしゃいますか？

李 私は個人的に、韓国の建築物の中で、もう少し中国的な特色より韓国的な特色を多く持ち始めた時代が李朝時代か

최 그러면 계속 말씀하고 계시는 '터'의 개념은 무엇인가요?

이 사실 서양의 사유의 토대를 건물로 이야기 할 때 한국, 중국, 일본이 가지고 있는 사유의 토대는 '터'라고 말할 수 있지 않겠는가 생각합니다. 그만큼 3개국이 공통분모로 '터'사상을 가지고 있지요.

우리나라를 말하자면, 풍수, 일본의 가상, 중국의 풍수의 이야기들 역시 '터'사상을 말해주고 있는 하나의 예시가 아닌가 싶고요. '터'라는 것은 사실은 관계적 언어라고 보거든요. 이런 관계적 구조를 가지고 있는 '터'사상이 우리의 정신세계를 구성하고 있느냐 라고 할 때에, 근대화되면서부터 비율로는 오히려 우리가 '건물'사상으로부터 받은 영향에 비해 상당부분 적지 않겠는가? 생각합니다. 지금까지 '터'사상이 '건물'사상에 엄청난 영향을 줬다든지, 그런 흔적을 찾으면 있겠지만, 아직도 미

of structure, but has it ever been applied to architecture, traditional architecture in particular? What do you think?

Lee I personally believe that Korean architecture began to reveal more distinct features of Korean culture than of Chinese during the Yi Dynasty. The houses of high officials that were built during this period have characteristics that we admire, such as a sense of human scale, quality of space and effective ways of handling place. I believe that many distinguished buildings, such as houses of commoners and officials were constructed during this period. Of course, Chinese characters were still being used along with Korean during this period, but the fact

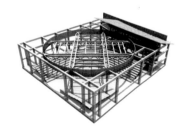

らだと考えています。特に、李朝時代の士大夫たちの家を見ますと、本当にヒューマンスケール感、空間の質、場所を扱う方法などを通して、私たちがうまく作れたと思われている建築物がその時代の建築にが多いんです。もちろん、その時代にも漢字を並行して使っていましたが、ハングルが私達の身体的言語という意味において、思惟的にもう少し明確なシステムを提供したのではないかと考えています。

崔 すると、ずっとお話されている「場」の概念は何ですか。

李 実は、西洋の思惟の土台を建物として話す時に、韓国・中国・日本が持っている思惟の土台は「場」と言えるのではないかと思います。それ程に3カ国が共通分母で「場」思想を持っていると思います。

미하지 않겠나 생각합니다.

예를 들어서 말로 표현이 안 되는 그 무언가 본질적인 것을 놓치고 있을 적에도 '안목이 있다, 없다.' 이런 표현을 쓰는 거거든요. 그 언어에는 무언가 선험적인 것, '굳이 말을 안 해도 있는 그 본질적인 무언가가 있느냐 없느냐' 라고 할 때에 안목이라는 말을 씁니다. 이와 비슷하지 않는가라는 생각이 듭니다. 그런데 여기서 중요한 것은 그 안목의 개념, 즉, 관계적 언어가 좌표축이 분명한 서구적 언어와 전혀 법칙을 공유하고 있지 않다는 것이지요.

최 상호 보완되는 관계가 아닌가요?

이 물론 이것이 상호 보완으로 볼 수는 있겠지만, 여태까지는 너무나도 구상력의 세계에 의해서 우리자신이 비춰져 왔죠.

that Korean characters were a part of physically accumulated language must have contributed a considerable amount in terms of ideas.

Choi Then what is the concept of 'place' that you keep on mentioning?

Lee While the Western foundation of architectural idea can be described as the building, the common architectural idea of Korea, Japan, and China can be described as a 'shed'. That's how much these three countries share this idea of the shed.

Feng-shui of Korea, China and Japan can be seen as examples of this concept of shed. When asked the

言。但目前为止我们还没怎么尝试过去寻找这样的语言，所以决定从"思考我们创造的语言，探究什么是可以让我们互相理解、相互取长补短的东西？当他们彼此碰撞之时，相互之间又会产生何种效应？创造出怎样美好的东西？"等方面进行思考，并寄予厚望。

刚才谈到肢体语言与韩文的关系，让我产生了一些想法。韩语的结构可以分为三层，然而这样的结构是从我们的身体、我们的口中创造出来的，而从这点来看，的确是自然之美。我就在想，怎样才能将这种自然之美赋予建筑之上呢。回想之前您说过的话，我很有同感。我想问，它在传统建筑中是否有过体现，而且对传统建筑是否有过一定的影响？李教授您是怎么想的？

韓国を言いますと、風水・日本の風水・中国の風水の話も全て「場」思想を話している一つの例ではないかと思います。「場」というものは、実は関係的な言語だと見ています。しかし、この様な関係的構造を持っている「場」の思想が私達の精神世界を作っているかというと、近代化が進みながら比率ではむしろ私達が「建物」思想から受けた影響に比べて相当少ないのではないかと思います。今まで「場」思想が「建物」思想に大きな影響を与えたとか、この様な形跡を探せばあると思うのだが、いまだに足りないのではないかと思います。

例えば、話で表現が出来ない、何かその本質を見逃しているときにも「眼目がある・無い」のような表現を使っているわけですね。その言語には何か先験的なもの、「敢えて言わなくてもその本質に何かがあるか無いか」と言う時に眼目とい

안목의 세계가 상당히 심오하고, 깊고, 의미가 있다는 것은 알아요, 우리의 미학이나 전통이나 그런 것들도 상당히 심오하고 Impressive하고 Powerful해요, 그렇지만 중요한 것은 이 체계가 아직도 닫혀있다는 것이죠. 어떻게 해야 Gap을 넘어서 같이 공존할 수 있는, 서로 간에 보완적인 관계로 건물과 터가 같이 공존해갈 수 있는 구조를 만들어 내느냐, 여기에는 상당한 도약이 있어야 된다는 것이죠. 다시 말해서, 어떤 일반적인 방법으로는 도약할 수 없는 Gap이 두 체계 속에 있다는 거죠.

최 아마 건축가와 디자이너 사이에는 조금 차이가 있는 것 같은데, 저는 디자인을 하면서 그런 서양의 디자인 구조, 디자인의 Majority라는 것에 한 번도 눌림 같은 것이 없었어요. 저희가 서양의 디자인을 다 볼 수는 없지만 같은 디자이너로서 접근하는 방법, 사회구조 정도는 이해할 수가 있거든요. 무엇 때문에 무엇을 고민했는지, 무엇이 완성이 덜 됐는지, 무엇이 어

question of whether our mind is based on this thought of shed, we can see that since modernization we have been more influenced by the Western concept of building. It seems like until now, the concept of shed plays only an insignificant role in our minds.

For instance, we say that one does not have insight when he is missing the fundamental of something that cannot be expressed in words. We use the word insight when we talk about something that does or does not have fundamentals that necessarily have to be said out loud, something of transcendental cognition. I think it's similar to this. What is important here is the concept of insight, namely the relationship language and Western

李：我个人认为，我们国家的传统建筑比起中国特色，更具有韩国特色的时期是李氏王朝时期，尤其是李朝时期的士大夫住宅对人体尺度、空间质量、营造场所的方式方法等，都有着卓越表现，使我不得不对那个时期的建筑加以赞叹。其中有很多士大夫的住宅和民宅都成了如今的名建筑。虽然那是个汉字和韩文并用的时期，但是在相当部分的思维方式上，它为韩文属于我们肢体语言这一部分的内容，起到了一种提供明确体系的作用。

崔：那么您一直在说的"场"的概念究竟是什么呢？

李：其实如果以建筑来形容西方的思维基础，那么韩、中、日三国的思维基础则正是我说的"场"，可以看出三国拥有共同的分母——"场"之思想。

떤 관점대로 뛰어 넘는 Creative가 된 것인지를 볼 수가 있거든요. 표현에 있어서는 굉장히 동등하다고 생각해요, 단지 건축에서의 '터'라는 것은 드러나지는 않지만 본래 가지고 있는 자연스러움 이라든지 검손함이라든지 품격이라든지 따뜻함이라든지, 이런 것이 표현하기 쉽지 않은 개념일 텐데, 거기에 비해서 아마 디자인에서는 터라는 것이 감성적인 것이 아닌가 건축은 터 위에 건물을 짓지만, 디자인은 자신의 감성 위에다가 표현을 하는 것이 아닌가라는 생각이 드네요. 말씀을 들으니 내가 추구했던 것이 좀 더 언어화될 수 있는, 구체화 될 수 있는 것을 느꼈어요. 동양이든 서양이든 상관없이 디자인마다 자신의 정체성이 있는데, 그것을 벗어날 수 는 없어요. 사실은. 자신을 표현하는 것에는 틀림이 없어요. 건축가가 됐든 음악가가 됐든, 디자이너가 됐든 자기를 벗어날 수는 없는 것 같은데, 더 큰 것으로 보자면 동양과 서양의 차이는 있었겠죠. 물론.

language, which has a clear axis, do not share the same rules at all.

Choi Is the relationship not complementary?

Lee Yes, it could be viewed as a complementary relationship, but so far we have approached ourselves from an imaginative level. The world of insight is profound, deep and significant, just like our aesthetics and traditions are impressive and powerful. However, what is important here is that this system is still closed. The next big leap needs to be taken to overcome the gap, resulting in a structure that enables a complementary relationship between the shed and the building. That is to say, there is a gap between these two systems that cannot be

我认为韩国和中国的"风水", 以及日本的"假有"思想也都在讲述着"场"之思想。我所说的"场", 其实是一种关系语言。在被问及我们的精神世界是否由这种具有关系结构的"场"之思想所组成时, 我的观点是, 在近代化开始以后, 比起从"建筑"思想上受到的影响, 它的比例非常的小。我想说, 到目前为止"场"之思想对"建筑"思想的影响是微不足道的。

举例来说, 如果错过那些用语言表达不出来的、实质上的东西, 一般会用"有没有眼光"来进行评价, 语言中包含了一种先验性的东西, 在表现"不用说也知道那本质上的东西存不存在"的时候一般都会用上"眼光"一词。这与我之前所作的比较类似。但是, 这里重要的是"眼光"的概念, 也就是关系语言与坐标轴鲜明的西方语言完全没有可共享的规律。

う言葉を使います。「これと似てるのではないか」と思います。ですが、ここで重要なポイントはその眼目の概念、つまり関係的な言語が方向性が明確な西洋の言語とは全く法則を共有していないということです。

崔 相互補完の関係ではありませんか?

李 もちろん、これを相互補完の関係として見ることもできますが、これまでは余りにも構想力の世界にて私たち自身が映し出されてきました。眼目の世界がとても奥深く、意味のあるということは分かっています。私達の美学や伝統やその様なものも、とても奥深くIMPRESSIVEでパワフルです。でも、重要なことはこのシステムがまだ閉まったままであるということです。どうすればギャップを乗り越えて共存できるか、お互いに補完的な関係で「建物」と「場」が共存できる構

동양과 서양의 차이라는 것은 문화의 차이가 있을 것이고, 문화라는 것은 정서의 차이가 있었을 것이고, 음식이라든가 사고의 차이라든가 사람과 관계에 대한 것이라든가 그런 것들은 근본적으로 달라지겠죠. 그 안에서 하는 것이기 때문에 디자인이라는 것은 클라이언트(Client)의 요구가 있겠고, 자신의 정체성이 있겠고, 그 정체성 안에 포함되어 있는 소속되어있는 보이지 않는 문화들을 표현할 수 있는 것이 디자인이겠죠. '터'라는 말씀을 하실 때 저는 그것을 땅의 근본, 물리성으로 이해를 했어요. 디자인은 감성에서 출발하는 것이기 때문에 물리성이 없잖아요. 우리는 느끼면 그만인 것이지만, 여기는 토양까지 생각해야 하는 것이잖아요. 디자인을 할 때, 어떻게 보면 디자인이 삶과 어울린다고 생각하지 않고 디자인하거든요. 근데 건축은 디자인보다 진지한 삶이 묻어있는 것이기 때문에 삶의 관점에서 본다면 집이 따뜻하다, 살기 편하다, 안락하다라는 개

overcome with any ordinary method.

Choi I assume that there is a difference between designers and architects. I have never been overwhelmed by the system of Western design and the majority of design. Although we cannot see all the designs of the West, as designers, we can understand the approach and social system; we can see the issue that the designer struggled with, the uncompleted parts, and the creativity that was produced by whatever sort of perspective. I think we are all equal in terms of expression. It is just that the ideas of naturalness, humility, dignity, and warmth that lie under the concept of 'shed' in architecture are not easy concepts to express. On the other hand, in

造を作り出せるのか、そこには大きな跳躍が必要だということです。つまり、何か一般的な方法では跳躍できないギャップがこの二つの体系の中に存在するということです。

崔 たぶん、建築家とデザイナーの間には、少し違いがあると思います。私はデザインを仕掛けながら、その様な西洋のデザイン構造やデザインのMAJORITYというものに一度も押されたりしませんでした。私たちが西洋のデザインを全て見ることは出来ませんが、同じデザイナーとしての近づき方や社会構造程度は理解することが出来ました。何のために何を悩んだのか、何が未だに完成できてないのか、何かどんな観点での飛び越えるクリエイティブになったのかを見ることが出来ました。表現にあってはすごく等しいと思ってます。ただ、建築での「場」というのが見えてはいないが、本来

념이 있겠지요. 디자인에게 있어서 터라는 것은 감성인 것 같아요.

이 글쎄요, 저는 디자인에 있어서 '터'가 무엇이냐 라는 것이 단순히 감성만 이야기하는 것은 아니지 않느냐는 생각이 듭니다. 디자인에 있어서 터라는 것은 십인십색이라고 생각하거든요. 디자인에게 있어서 터라는 것이 무엇이냐 라고 질문 할 때, 아마 열명의 디자이너가 모두 다르게 이야기 할 수 있다고 생각합니다. 여기에 있어서 터는 어떤 대상이라기 보단 방법에 대한 이야기거든요. 존재방식에 대한, 즉, 사람이 어떻게 존재하느냐, 사람이 어떤 형식으로 사느냐, 사람이 어떤 양식을 갖춰서 사느냐에 대한 이야기라고 생각해요. 감성의 얘기는 제가 볼 땐 어떤 양식이나 형식에 대한 얘기거든요. 하나의 예를 들자면, 서양에 있어서 저는 HOUSE라고 하는데, 하우스론 자들은 존재 방식과 형식과 양식이 일치해야 된다고 생각했던 사

design the concept of shed is more emotional. I think that while an architect builds on a site, design is built on the emotion of a designer. Listening to what you said has helped me to verbalize and put into shape the things that I pursue. There is an identity that can't be escaped in every design, either in the West or the East. In fact, there is no right or wrong for expressions of oneself. Whether you are an architect, musician, or designer, you cannot be free from yourself. In a bigger scale, there has been a difference between the East and the West. Yes, the difference would be in the culture, which comes from the different sentiments of each culture, the food, the thoughts, and the relationship between people which are fundamentally different. Because design is done

崔：它们不是互补的关系吗？

李：没错，可以看成互补的关系。到现在我们都过于将自己归于构想的世界中。就好比轻量级选手和重量级选手无法在一个擂台上进行比赛。"眼光"的世界是相当深奥且意味深长的，就好比我们的传统美学一样，它也同样深奥、给人以深刻的印象并拥有强大的力量，但重要的问题是这个世界的大门依然紧闭着。我们需要越过沟壑来让"建筑"和"场"进行互补并相互共存，也就是，两种体系中还存在着一个无法用普通方法可以跨越的沟壑。

崔：我想这可能就是建筑师和书籍设计师之间的差距吧。我在做设计过程中从未被西方设计结构和所谓的主流设计所束缚。虽然我们没法看到西方全部的设计作品，但是同样身为设计师，我们还是能够理解他们的切入方法和社

持っている自然とか謙遜とか品格や暖かさなどが表現の難しいものであるにも関わらず、それに比べて、恐らくデザインでの「場」というのは感情的なもので、建築は「場」の上に建物を建てるが、デザインは自分の感性の上に表現するものではないかと思いました。お話を聞いてるうちに私が追求していたものが、もっと言語化、具体化できることを感じました。東洋であれ西洋であれ関係なく、各デザインには自分のアイデンティティがありますが、実は、それを離れることは出来ません。自分を表現するということには間違いありません。建築家であれ、音楽家であれ、デザイナーであれ、自分を離れることは出来ないが、もっと大きく見ると、東洋と西洋の差はあるでしょう。もちろん、東洋と西洋の違いには文化の違いが含まれ、文化には情緒の違いがあって、食べ物や思考の違い、人との関係についてのことだとか、その様なものは

람들이거든요. 이 유형의 사람들은 '진실 되어야 한다, 윤리적이어야 한다.'의 상당한 가치를 놓고 그렇게 살려고 했던 사람들 입니다.

최 조금 청교도적이네요?

이 청교도적이라고 단정짓기는 어렵지만 하나의 예는 되겠죠.

최 그것 때문에 영향을 받은 것이 아닐까요?

이 그렇죠. 나름대로의 어떤 절대적 가치 기준을 헬레니즘적인 것에 대한 히블라이즘적인 어떤 논점과 시각으로도 표현할 수 있겠죠. House와 다르게, Home이라는 것은 방식과 형식과 양식이 상호간에 매우 자유로워요. 예를 들자면, '내가 스

within these areas, there will be requests of the client as well as identity of the designer. And the design would be a means to express invisible cultures embedded within the identity. When you mentioned site, I thought of it in terms of physical qualities. Because design begins out of emotion, it does not embody physical quality. All that we designers need to do is to feel, but architecture needs to consider the land and the soil. When I design, I do with the thought that in a way, design does not fit with life. However, since there is a more sincere side of life in architecture than in design, there are concepts of warmth and comfort of a house in the aspect of life. Therefore, I would say that the concept of 'site' refers to emotion in design.

会结构，比如他们在为什么烦恼，而问题出在哪里，哪里还有欠缺；或者什么东西凭借怎样的设计观点成了超前的设计产品……这些都是可以看得出的。我认为在表现力方面我们非常相似，只是对"场"的理解有所不同。建筑角度上的"场"是不显露在外的，是它本来所拥有的自然的、谦逊的、品格的或者是温暖的品质——这些都是不易被表现出来的概念。我想相比之下，在设计方面所谓的"场"指的应该是感性；建筑是在场上建造建筑物，而设计则是把自己的感性部分表现出来。这么说来，我觉得我所寻找的东西更加语言化，也更具体了。

不论在东方还是西方，每个设计都有自己的特性，这是无法摆脱的。其实表现自己并没有错。不论是建筑师、音乐家还是书籍设计师，都无法摆脱自我；但这一点从宏观意义上看，还是会有东西方之别。所谓东西方差异，指的就是东

根本的に違ってくるでしょう。その中で行っていることなので、デザインというのはCLIENTの要求があり、自分のアイデンティティがあり、そのアイデンティティの中に含まれる見えない文化を表現するのがデザインでありますから。「場」についてお話をされた時に、私はそれを土の根本であり、物理性として理解しました。デザインは感性から始まるものなので、物理性が無いですよね。私たちは感じれば済むものですが、ここは土まで考えなければいけないのですね。デザインをするときに、恐らくデザインが実生活や暮らしと釣り合うことまで考えないでデザインをするんですね。でも、建築はデザインよりは真剣な実生活や暮らしに繋がっているものなので、暮らしの観点で考えると、家が暖かい、住みやすい、安楽という概念があるでしょう。デザインにあっての「場」というのは感性だと思います。

포츠카를 타고, 매우 클래식한 집에 살고, 또 아내와 아이들은 그런 양식기준과는 전혀 다른 생활 기준으로 학교에서 공부하거나 일을 한다.'하는 것처럼, 그런 것을 그렇게 일치해야 할 필요는 없다고 생각하는 것이죠. 마치 그러니까, 신고전주의는 Revival 하잖아요. 즉 그리스로마시대 것이 근대르네상스나 그 이후에 나타나서 산업혁명, 기계화 되어가는 시대에도 신고전주의라는 양식을 가지면서, 사람들은 그것을 상당히 높은 가치로 바라보면서 살아왔거든요. 즉 Home이 '스포츠카를 타면서 아주 클래식한 집에 살아도, 나에게 그것은 본질적으로 이상하지 않다.' 라는 삶을 말한다면, 예를 들어서 청교도적 삶이라는 것은 '내가 사는 방법과 내가 사는 형식 그리고 양식이 같아야 한다.' 라고 생각하는 매우 일관성 있는 삶이라고 얘기할 수 있죠. 이 두 가지 전통이 서양에는 있는데, 이들이 공통적으로 얘기할 수 있는 것은 둘 다 건물로서 다루어진다는 것

Lee Well, I doubt that shed refers simply to emotion in design. I think the definition of shed in design can mean something uniquely different to each person.

If you were to ask 10 designers the definition of shed in design, all their answers would be different. This is because the concept of shed is more of a method than an object. It's about a way of existence; that is, a story of how people exist, and the lifestyle and manner that people adopt to live. I think the emotion you are referring to is a style or a form. For example, I see the West as 'house'. House advocates were people that claimed that method, style, and form of existence should agree with one another. These people put a great value in

西方的文化差异；而文化差异可以看成情感、食物、思考方式、对人处事上的差异。这些从根本上都是不同的。因为摆脱不了这个圈子，所以设计会因客户的要求而异，会体现出自己的特性，而那特性里包含着看不见的文化，我想能够表现出这些东西的就是设计。在您说到 "场" 的时候，我将它理解成了土地的本质，或者说是物理性的东西。但是设计是从感性角度出发的，所以不存在物理性；而这里还要考虑到土壤。从某些角度来讲，我们在做书籍设计的时候，不会考虑其与实际生活的关系。而相比书籍设计而言，建筑却涵盖着实际的生活，比如屋子很暖和、很舒适等概念。我觉得从书籍设计师的角度来看，"场" 指的应该是 "感性"。

李 そうですか？私はデザインにあっての「場」が何なのかということに、単純に感性だけを話しているとは思いません。デザインにあって「場」というのは、十人十色だと思います。デザインにあって「場」は何なのかという質問をすると、恐らく10人のデザイナーが皆違う話をすることが出来ると思います。ここでの「場」は、何かの対象ではなく、方法についての話だからです。存在の方法について、つまり、人がどの様に存在しているのか、人はどの様にして生きているのか、人がどの様な様式で生活しているのかについての話だと思います。感性の話は、私が思うには一つの様式や形式についての話だと思うからです。一つの例えを上げると、西洋にあって、私はHOUSEといいますが、ハウス論の人々は存在の方法と形式と様式が一致しなければならないと考えていた人たちです。この様な人々は「真実でなければならない、倫理的で

이죠. 사유의 방법과 체계에 있어서 건물로서 논해질 수 있는 공통점이 있다는 것이죠. 사실은 어떤 방법으로 살아가느냐에 대한 논쟁이기도 한 것이거든요. 그런데 이에 비해서 우리의 '터'는 그러한 서구적 메커니즘의 전통과 유토피아의 개념이 아닌 그와는 조금 더 다른 가치관, 단순히 어떤 장소로서의 터만을 얘기하는 것이 아니라 관계를 더 중요시 한다는 것이거든요. 다시 말해서, 서구에서 얘기하는 존재론적, 한 인간으로서의 어떤 피비린내 나는 인격적 존재로서의 성숙이라고 할까요. 싸워나가는 과정이랄까? 그런 것을 통해서 궁극적으로 나 자신을, 자아를 발견해 가는, 그런 존재론적 개념보다는 훨씬 더 관계론적 이라는 것이죠. 여기서 말하는 관계론적인 것은 가족이나 타자와의 관계 속에서 나를 본다든지, 그 사람이 살아온 환경을 보고, 관계를 통해서 그 사람을 보려는 것이거든요. 어떻게 말하자면, 터라는 것은 금새 눈에 보이는 어떤 것은 아니

being ethical and honest.

Choi That sounds a bit Puritanical to me.

Lee It's hard to say of Puritan, but it could be an example.

Choi Maybe they influenced them a lot.

Lee Yes. Some standards of absolute value could be expressed as a Hebraistic perspective about Hellenistic ideas. Unlike house, home is very liberal in terms of method, style and form. For example, let's say I drive a sports car and live in a classic house while my wife and children work or study by different standards.

李：其实我觉得在设计里，"场"不应该仅限于"感性"这一单纯的概念。在设计里，"场"应该是多姿多彩的。在被问到"场"对设计而言是什么的时候，十个设计师所给出的应该是十个不同的答案。在这里，"场"不是指某个对象，应该说是某个方法、某种存在方式。比如说，人是怎么存在于这个世界的，是以什么形式存在的，还有人应该以何种姿态生活。在我看来您所说的"感性"应该是某种样式或形式。例如，就西方而言我认为是"House"，而主张"House"理论的人则认为存在方式、样式和形式要一致。这类人拥有高度的"真实性、伦理性"价值观。

崔：有一点清教徒的感觉？

李：虽然不能断定说像清教徒，但是可以成为一个例子吧。

なければならない」といった、大きな価値を置いて、その様に生きようとした人々です。

崔　少し清教徒みたいですね。

李　清教徒的だと断定することは難しいですが、一つの例えにはなるでしょう。

崔　そこから影響を受けたのではないでしょうか。

李　そうですね。それなりの絶対的価値の基準をヘレニズム的なものについてのヘブルライズム的な一つの論点と視角でも表現できるでしょうね。HOUSEとは違って、HOMEというのは方式・形式・様式が相互間にて、とても自由です。例えば、「私がスポーツカーを乗り、とてもクラシックな家に住み、妻と子供たちはそんな様式基準とは全く別の生活基

라는 것이죠.

최 그렇다면 터가 우리에게 준 의미가 무엇인가요?

이 터라는 것의 핵심은 관계적 언어라고 봅니다. 관계적 개념이라는 것이죠. 그렇지만 관계적 개념은 우리가 건물 언어, 건물적 사유의 토대해서 본다면 매우 닫혀진 언어일 수 있어요. 그것은 대상 그 자체를 분명히 규정하고 그것을 보편적인 누구에게나 동일한 잣대로 바라보는 기준에서 본다면 매우 모호한 것이겠죠.

최 그렇다면, 터라는 것이 이교수님이 지향하고 계신 건축의 지향점인가요?

이 조금 전에 터라는 것은 관계적 언어라고 했습니다. 관계적 언어만 가지고는 어렵다는 것이 저의 논지입니다. 그렇다면 터

Not everything needs to be in accordance. So it's like this; neo-classicism was revived. The ideas from the Greek and Roman Era reappeared during modern Renaissance or after as neo-classicism style, showing that people have greatly valued them even during the industrial revolution and when everything is getting mechanized. That is to say, if home is a life that includes living in a classic house while driving a sports car, but thinking nothing is in discord, then a Puritanical life is a very consistent one with the belief that the method, style and form of living should be the same. These two traditions exist in the West, and are both regarded as building. This means that with the method and system of thinking, there is common ground to be discussed as

崔: 或多或少受到了这些因素的影响吧?

李: 是的。可以用有关希腊流派的希伯来思想的论点和视角来表现绝对的价值标准。与"House"不同,"Home"的方式、形式和样式相对自由很多。就像有人说:"我开着跑车,却住着传统住宅,而且妻儿工作或学习的方式、水准与其截然不同"。需不需要统一这些东西其实是无所谓的事情,就好像新古典主义的复兴,就是说古希腊、古罗马时代的东西在文艺复兴以后再次出现,并在工业革命、机械化的时代被称为新古典主义样式,并被人们给予相当高的评价。如果说"Home"代表的是"我开着跑车,却住在传统住宅里,但我自身并没有觉得这有什么不妥"。但是,清教徒的生活方式可以说是非常有一贯性的:"我的生活方法、形式和样式需要一致"。这两种传统在西方均有所体现,并

準で、学校で勉強をしたり仕事をする」というように、そんなものをそういう風に一致させる必要はないと思うのです。まさに新古典主義はREVIVALじゃありませんか。つまり、ギリシャローマ時代のものが近代ルネサンスかその以降に現れ、産業革命や機械化されていく時代にも新古典主義という様式を維持しながら、人々はそれに相当高い価値を与えて生きてきたわけです。すなわち、HOMEが「スポーツカーを乗り、クラシックな家に暮らしても、私にとってそれが本質的におかしくは無い」という生活を説明しているのなら、例えば清教徒的な生き方というのは「私が生きる方法と、私が生きる形式、そして様式が一致しなければなければならない」と考える、非常に一貫性のある生き方だといえるのです。この二つの伝統が西洋にはあるのですが、彼らについて共通的に話せることは、二つとも建物として扱われるということ

를 가장 터답게 표현할 수 있는 개념이 무엇일까 했을 때, 저는 shed라고 생각합니다. shed라는 것은 하나의 원두막, 정자 같은 자연과 풍경 속에 녹아있는 건물인데요. 그 자체가 자기의 목소리를 낸다기보다는 주변과의 관계를 맺어주고 끌어오는 것이라 할 수 있죠.

최 아까 말하신 관계의 언어와 연관이 있는 거네요?

이 그렇죠, 관계적 언어죠

최 그럼 이 shed라는 것이 교수님의 건축 철학인가요?

이 저는 shed가 상당한 메시지를 가지고 있다고 생각해요. 개인적으로. 그리고 제가 지금 하고 있는 건축도 사실은 shed

a building. In fact, it is an argument about the way of living. But the shed that we are talking about is different from the Western tradition of mechanism or utopia. It values the relationship more than its location or space. In other words, what it is said about ontological being in the West is the process of maturing as a personal being or the process of struggling. It is much more relational than the ontological concept in which you find yourself eventually after going through such processes. Relational here refers to looking at oneself through the relationship between family or others, or the surrounding environment. In a way, the shed cannot easily be seen.

表现在建筑上。这说明在思维方式和体系上,建筑有其可以论说的共同点。其实,这也是对两种生活方式的争论。但与之相比,我们的"场"有着与西方机制和传统的乌托邦理念不一样的价值观,不是指单纯某一场所上的"场",而是更重视"关系"的重要性。西方所说的存在论,是人格意义上的成熟,是战斗的过程,通过这种途径最终发现自我。比起西方的这种"存在论"观念,我们的"场"更具有"关系论"的色彩。这里的"关系论"指的是通过家人或是他人的关系认识自我,或是通过他生活的环境,通过与他的关系来了解那个人。从某种意义上来说,"场"不是那么轻易地一眼就可以看出来的。

崔:那么"场"赋予我们怎样的意义呢?

です。思惟の方法やシステムにおいての建物として論じられる共通点があるということです。実は、どういった方法で生きて行くかについての論争でもあるのです。しかし、これに比べて私達の「場」は、その様な西洋的メカニズムの伝統やユートピアの概念ではなく、それとは少し違った価値観、単純にある場所としての「場」だけを言っているのではなく、関係をもっと重要とするということなのです。つまり、西欧で言う存在的、一人の人間としての何か血の生臭さがする人格的存在としての成熟ということですかね。戦い続ける過程というかな。その様なものを通して、最終的に私自身を、そして自我を発見していく、その様な存在論的な概念よりはもっと関係論的だということです。ここで言う関係論的ということは家族や他人との関係の中で自分を見ることが出来るとか、その人が育ってきた環境と関係を通じてその人を見よう

개념에서 시도하고 있고요.

최 교수님께서 shed를 가지고 시도하신 것은 무엇이 있으신가요?

이 사실 제가 지금으로부터 14-5년 전에 경기도 기흥에 있는 포섹기술연구소를 설계했는데, 그 곳은 중정 안에 계단실이 있습니다. 그 계단이 아주 투명하고 큐빅한 공간 속에 철의 그늘을 주어서 철의 원두막을 표현 한 적이 있었거든요. 저는 거기에서도 주된 개념을 중정이라는 것이 메인이고, 그것을 조금 더 부각시켜주고 관찰할 수 있는 공간을 원두막으로 봤던 거죠. 이것을 shed의 구체적인 예로 말씀드릴 수 있고요. 또 하나는 충진교회인데요. 충진교회는 지하 교회인데, 지상으로는 캐노피만 나와 있습니다. 그것은 법적인 기준을 충족시키기 위해서 그런 모습으로 할 수밖에 없었지만, 저는 거기서 주된 것

Choi Then, what is the significance of the shed to us?

Lee The core of the shed is relationship language. It is a relational concept. However, this relational concept can be restricted if we see it in terms of the building. It could be very ambiguous if we define the object and view it from the same, general standard as anyone.

Choi Then, this concept of shed, is this what you are pursuing as the aim of your architecture?

Lee I said earlier that the shed is relationship language. My argument is that it is not enough with this relationship language alone. I think the perfect concept to express site (shed) is the shed. This shed is a gazebo

李："场"的核心是关系语言, 也就是关系性的概念。但是这种概念从我们的建筑语言和思维基础的角度来看其实是很封闭的。假如, 明确规定某一个对象, 并且用同一标尺来衡量每个对象的话, 那这个概念是非常模糊的。

崔：那么李教授您所说的 "场" 是您对建筑的期望点吗?

李：刚刚提到过 "场" 是关系语言, 而我的论点是光靠关系语言是很难的。那么怎样才能将 "场" 适宜地表现出来, 我想到了 "Shed"。所谓 "Shed" 指的是凉亭, 而它的特点则是能够融入自然和风景之中。比起突显自身, 它更能结合周边的环境并将其一同体现出来。

崔：这和刚刚所说的关系语言是相关联的吧?

することです。言わば、「場」というのは直ぐに目に見える何かではないということです。

崔 それでは、「場」が私たちに与えようとしている意味とは何ですか?

李 「場」の核心は関係的言語だと思います。関係的概念ということです。しかし、関係的概念は、私たちが「建物」的な言語や建築的思惟を基にして考えるとすると、とても閉じている言語だと言えます。それは対象そのものを規定し、それを普遍的な基準からすれば、とても曖昧なものであります。

崔 それでは、「場」というものが、李教授が目指している志向点ですか?

李 先ほど、「場」というのは、関係的言語だと言いました。関係的言語だけでは難しいというのが私の論旨です。そこで、

은, 보이는 것이 아니라 보이지 않는 장소, 터라고 봤던 것이죠. 거기에 보여지게 하기 위한 장치가 바로 shed였던 것이죠.

최 지금 말씀하신 것들이 전체적으로 이해가 됩니다. 그런데 저는 동서양의 장벽이 네트워크화 되면서 많이 허물어졌다고 생각하거든요. 느끼지 못할 정도의 실시간으로 정보가 전달이 될 뿐만 아니고, 우리가 알려고 하면 손쉽게 알 수가 있어서, 소위 장소적인 괴리감이 굉장히 허물어졌다고 생각합니다. 저는 미술의 파인 아트(fine art)라는 것이 나오면서 동서양의 개념이 없어지고 누구나 할 수 있는, 그저 사물만으로도, 생각만으로도 표현할 수 있는 세상이 왔다고 봅니다. 컴퓨터가 나오면서 지금은 표현에 대한 것의 차이가 거의 없었다고 봐요. 개념적인 차이는 있겠죠. 하지만, '터'라는 개념이 서양 사람들에게 얼마나 널리 인식되어 있을까 하는 것을 저는 잘 모르겠어요. 아까 얘기한 건물과 터라는 것의 차이는 있다고 저는 생각합

or pavilion that is embedded in the natural landscape. It brings out the relationship with its surroundings rather than expressing itself.

Choi Then it is connected to the relationship language that you mentioned, isn't it?

Lee Yes, it is a relationship language.

Choi Then would you say that the concept of shed is your architecture philosophy?

Lee I personally believe that the shed carries a significant message. And architecture that I am working on is based on this concept.

李：是的，就是关系语言。

崔：那么这个 "Shed" 是教授您的建筑哲学吗？

李：我个人认为 "Shed" 传达着相当多的信息，而且现在我所设计的建筑其实也在尝试着将 "Shed" 的概念融入其中。

崔：教授您的哪些作品是利用 "Shed" 概念设计的呢？

李：我在十四五年前曾设计过京畿道器兴的POSEC技术研究所。那儿的中庭里有一个阶梯，而那个阶梯是在一个透明的立方体空间里的，顶上还设有铁质遮阳板，就好像是一个铁质的凉亭一样。设计的主要概念还是中庭，而凉亭则起到烘托和帮助人们更好地观赏中庭空间的作用。这是我对 "Shed" 概念运用的一个具体实例。另外一个例子是忠

「場」を、もっとも「場」らしく表現できる概念は何なのかを考えた時、私はShedだと思いました。Shedは一つの小屋や亭の様に、自然と風景の中に溶け込んでいる建物であります。そのもの自体が、自分の声を出すと言うより、周辺との関係を結び、引き込んでくれるものです。

崔　先ほどお話された、関係的言語と関係があるのですね？

李　そうですね。関係的言語です。

崔　それでは、このShedが李教授の建築哲学ですか？

李　私はShedが相当なメッセージを持っていると思います。個人的に。そして、私が今行っている建築も、実は、Shed

니다. 두 개념간의 상호보완적이라는 것에 또한 굉장히 의미가 있다고 생각하고요. 단지 건물 표현에 대한 것들은 상호 허물어졌기 때문에 저는 그 차이가 별로 느껴지지 않거든요 지금으로서는 옛날보다 많이 없어지지 않았나요?

이 저는 역시 중요하게 생각하고 있는 것 중에 하나는 산업혁명 전에는 물건과 인간의 관계가 상당히 Slow 했다고 할까요? 차근차근 서로를 느끼고 생각하면서 살아왔기 때문에, 인간과 오브제와의 관계가 조금 더 인격적이라고 할까요? 그런 관계가 성립이 되었다고 한다면, 산업혁명 이후에는 사람들이 큰 위기를 느끼면서 전통을 찾게 되고 또 새로운 유토피아를 주장하게 됐던 그 위기의 시대가 사실은 모든 것을 하나의 오브제로 보는 것, 인간조차도 오브제로 바라보는 것, 대상화시킨 시대라 볼 수 있거든요. 마틴부버가 "이 세상을 바라보는 관점을 두 가지 관계어로 표현할 수 있는데, 하나는 Its-그것이고, 다

Choi What are some pieces of work that you tried applying this concept to?

Lee About fifteen years ago, I designed a Research Institute for POSTEC Technology. In the courtyard there is a staircase. I made this staircase a transparent, rectangular space to give an image of a metal shed. Here I was focusing the concept of the courtyard, and using the staircase as a shed to emphasize and observe the space. This is a specific example of shed. Another is the Chungjin Church. This church is an underground church, with only the canopy above ground. It was designed this way to meet the requirements of legal standards, but I also wanted to accentuate the invisible space, being the shed, rather than the visible. The

真教堂。教堂位于地下，只有一个遮篷露于地表。基于设计法规，教堂不得不被设计成这种形态，在这里，重要的是看不见的部分，即"场"，而地上的"Shed"是为了让人们看到它的一种装置。

崔：我能理解您的大概意思。但是我认为随着网络的普及，东西方之间的屏障已经渐渐消失了。我们接收信息的速度，已经让人们感受不到，因为它们几乎是同步的。而且，只要我们想知道的，都可以轻易查到，"场所"的局限性已经完全消失了。随着纯粹艺术的出现，东西方的概念已经不复存在，不论是谁都可以就单纯的食物和想法做出相应的表现；而电脑出现以后，这些表现方法基本上没什么差异了。当然，在概念上还是会有一定的区别的。不知道"场"这个概念在西方的认知程度是多少。不过刚刚说到的"建筑物"和"场"概念确实有一定的差异，两种概念的互补性也有

の概念の中で試しているのです。

崔 李教授がShedで試されたことでは何がありますか？

李 実は、私が今から14、5年前に、京畿道・器興(キョンギド・キフン)にあるPOSEC技術研究所を設計したのですが、そこの中庭の中に階段室があります。その階段がとても透明で、キュービックな空間の中に鉄の日陰を作り、鉄の小屋を表現したことがあります。私はそこで主な概念を中庭がメインで、これをもう少し大きく映し出し、観察できる空間を小屋だと見たのです。これをShedの具体的な例として上げられます。もう一つは、チュンジン教会です。チュンジン教会の本堂は地下にあるのですが、地上にはキャノピーだけが出ています。それは法律的な基準を満たすためでもありました

Posec research center

means to make it seen is the shed.

Choi Now I can see the whole picture of what you have been explaining. However, I believe that the barrier between the West and East has been broken down a lot through advances in networking. Information is transferred around the world unbelievably fast, and we are all capable of finding the information that we want. I believe that the spatial gap has disappeared considerably. After the emergence of fine art, the idea of East and West disappeared and an era in which one can express just with objects or thought has come. The development of the computer has narrowed the differences in expression as well. Of course there are

着相当大的意义。只不过在建筑表现手法方面，我觉得是没有什么差异的。与过去相比，两者的差异不是少了很多吗？

李：我认为重要的一点是，在工业革命开始之前，人和物的相互关系可以用一个"慢"字来形容。是因为一点一点慢慢地去感受和理解对方，所以人和物体之间可以说是比较人性化的。而工业革命之后，人类感受到了巨大的危机并开始寻找传统，同时又有乌托邦这一新主张的出现。在这样一个危机的时代，包括人在内的所有东西都被物质化了，可以说那是一个"被对象化"的时代。马丁·布伯(Martin Buber)曾经说过这样一段话："看待这个世界的观点可以用两种关系语言表现，一个是Its（那个），另外一个是You（你）"。例如，这个杯子也是"那个"，这个表也是"那个"，这个东西也可以说成"那个"，这个世界充满了"那个"，也就是说我们所接触的所有信息都只是那些而已。相反，以"I love

が、私はそこの主な内容を、見えるものではなく、見えない場所、「場」と見たのです。そこで、見えないものを見えるようにする装置がShedであったのです。

崔　今、お話されたことは全体的に理解ができました。しかし、私は東・西洋の壁がネットワーク化して多くの部分が壊されていると感じてます。差が感じられないほどのリアルタイムで情報が伝えられるだけでなく、私たちが知ろうとすると簡単に知ることができるので、いわゆる場所的な乖離間が結構崩れていると考えられます。私は美術のファインアートというものが登場しながら、東・西洋の概念がなくなり、誰でもできる、ただ物だけでも考えだけでも表現できる時代が来たと思います。パソコンが登場してから今は表現についての差がほとんどないと思います。概念的な違いはありま

른 하나는 다우-YOU 이다." 라는 말을 했는데요. 예를 들어 이 컵도 그것이고, 이 시계도 그것이고, 이 물건도 그것이고, 그러니까 세상에 그것이 넘쳐나는 겁니다. 즉 우리가 접하는 모든 정보들이 그것일 뿐인 거에요. 반면 "I love you"라고 할 때 "나는 당신을 사랑한다." 라고 하는 인격적 관계를 다우의 관계라고 하는데, YOU라고 할 수 있는 것들이 너무나도 없어진 거지요. 지금을 인터넷시대라고는 하지만, 세상에 YOU라고 하는 것은 거의 없어지고 Its는 넘치고 있어요. 하지만 과연 그 것을 '비슷비슷하니까 같다.' 라고 얘기할 수 있겠는가 생각해봐야겠죠. 이소사키 아라타는 문화비평 속에서 이런 비유를 했어요, "일본을 제외한 모든 나라의 모든 문화가 등거리선상에 있다". 그것이 무슨 말인가 하면, 미국이나 한국이나 다 똑 같다는 거에요, 그러니까 나 말고는 다 Its라는 거에요. 이것이 현재의 정보화시대에 있어서의 위기라는 것이죠. 진정한 다

differences in ideas. But I don't know how well known this concept of shed is in the Western culture. I do think that there is a difference between the building and the shed and that there is a complementary relationship between the two. However, I do not feel that those two are that different. Hasn't the difference disappeared a lot recently?

Lee Another thing that I consider important is that the relationship between people and objects was quite slow before the Industrial Revolution. Because people took time to think of each other, the relationship between mankind and objects were more personal. After the Industrial Revolution people felt alarmed, and tried to return

Posec research center

す。だが、「場」という概念が西洋の人々にどれだけ広く認識されているかということは私はよくわかりません。先ほど話した「建物」と「場」の違いはあると私は思います。二つの概念の間に相互補完的というものにも、すごく意味があるとも思います。ただ、建物の表現について、お互い崩れたため、私はその違いがあまり感じられないのです。今としては昔より結構なくなってませんか？

李 私もやはり重要だと思っていることの一つが産業革命以前には物と人間の関係がとてもスローだったと思います。ゆっくりとお互いを感じて考えながら生きて来たため、人間とオブジェとの関係がもう少し人格的といいますかね。そんな関係が成立していたけれど、産業革命以降には人々が大きな危機を感じながら伝統を探すようになり、また、新しいユ

우라고 할 수 있는 것들을 점점 잃어가고 있는 거에요.

인터넷 책도 사실은 its의 세계의 연장이 될 경우에 이것 역시도 우리에게 미치는 영향이 대단하다고 봐요. 지금 우리가 [서·축]전하는 것도 its로 넘쳐나는 세계, 이러한 메커니즘에 대해 어떻게 다우의 세계를 넓혀갈 것인가, 또는 its와 다우를 공존시키는 방법이 무엇인가 라는 것을 찾아가고 있다고도 생각을 해요.

이미 우리에게 있어서 우리의 전통이라고 하는 것, 오늘 종묘를 다녀왔지만 사실, 우리가 평소에 배운 우리의 역사와 전통을 별로 못 느끼면서 살잖아요. 그렇다는 것은 우리에게 없는 것, 없었던 것을 우리에게 있었던 것이라 생각하고 그렇게 옷을 입고 살아가는 거죠. 이미 우리 시대는 상당 부분이 전통적인 옷을 입고 나오면 오히려 이상한 사람이라 느끼는 그런 시대에

to traditions and manifest new utopias. This era of crisis is actually the time everything was objectified, even human beings. Martin Buber, the Austrian philosopher, said that there are two points of view of the world; one being 'it' and the other one 'thou'. For example, a cup is an 'it', a clock is an 'it', and a book is an 'it', thus there are plenty of 'its' in the world. Therefore, all the information that we encounter are 'its'. On the other side when we say, 'I love you', this is a 'thou' relationship, a personal relationship. However, there aren't so many things that we can call 'you' anymore. There are less and less things that we call 'you', and more and more things that we call 'it'. But we need to think about whether we can say they are all the same just because they are similar. Isosaki

you" 来说，我们把 "我爱你" 这样的人格关系称为 "You（你）关系"，但是，现在可以被归类为 "You" 的已经非常的少了。在这个互联网时代，"You" 少之又少，而 "Its" 却层出不穷。在这里我们必须弄清一点，"差不多" 与 "一样" 是否可以画等号？日本建筑师矶崎新在文化评论中曾说过这样的话："除日本之外所有国家的所有文化都处在同一起跑线上"，就是说无论是美国还是韩国，都是一样的，除了 "我" 其他都是 "Its"。这在信息化时代可谓是一场危机，可以被真正称为 "You" 的东西正在逐渐消失。

假如，电子图书也成为 "Its" 世界的一个延续，对我们的影响其实也是很大的。我们的 "书·筑" 展也是一个充满了 "Its" 的世界。我想我们应该在这种机制中找到能够扩充 "You" 的世界，或是能让 "You" 和 "Its" 共存于这个世界的方法。

ートピアを主張するようになった、その危機の時代が、実はすべてのものを一つのオブジェとして見ること、人間さえもオブジェとして見ること、対象化した時代として見ることができます。マルティン・ブーバーが言うには、「この世を見つめる観点を二つの関係語で表現することができるが、一つはIts-それ、もう一つはTHOU-YOUである」という言葉を言いましたが、例えばこのコップもそれだし、この時計もそれだし、この物体もそれだし、だから、この世にそれが溢れているのです。つまり、私たちが接するすべての情報がそれになるだけです。その半面において「I LOVE YOU」という時に「私はあなたを愛している」と言う人格的な関係をTHOUな関係といいますが、YOUといえるのが余りにも無くなってしまったのです。今をインターネットの時代とは言いますが、世の中にYOUと言えるのはほとんどなくなってItsは溢れていま

살고 있는 거죠.

최 동의하죠. 예전에는 평화는 원래 있는 것이었는데 지금은 찾아가야 하는 것이 되어버렸죠. 반대로 오히려 그렇게 혼란스러워지고 개성이 난무하는 과도기를 거치고 있는 것일지 모르겠으나, 이 혼란을 벗어나면 우리가 알지 못하는 다른 것들이 생겨나지 않을까 하는 생각을 해 봅니다. 건축 쪽에서는 어떤 고민을 하시는지 모르겠으나, 디자인에서는 일정 부분 이상을 인터넷과 공존되는 측면에서 긍정적인 부분과 부정적인 부분이 모두 있죠. 어쨌든 현재가 과도기라는 측면에서 서로 간에 공존하는 삶을 찾아가야 한다고 생각합니다.

흔히 쓰이는 말로 디지털과 아날로그가 있습니다. 이성적인 건 디지털로, 감성적인 건 아날로그로 보긴 하는데, 감성을 이런

Araka once said in a cultural review that every country except for Japan is in the same line. What he meant is that everything except oneself is an 'it'. This is the crisis of the information era; we are losing the things that we can truly call 'thou'.

If E-books become an extension of the 'it' world, this will have an incredible impact on us. What we are doing in Locus Design Forum is finding a method to expand the world of 'thou' in the field of 'it', as well as a way for these two to coexist.

We are not aware of our history and tradition we have learned in our everyday lives. This means that we are

我今天去过一趟宗庙。我们在日常生活中，很少能切身感受得到平时所学的历史和传统。我们在把我们没有的或不曾拥有的想象成我们所拥有的东西来生活。在我们的时代，有相当一部分人会觉得穿着传统服装出现是一件奇怪的事情。

崔：我同意您的观点。就像和平，这是原本就存在的东西，但是现在却变成了需要我们去寻找的东西；也许现在是个性百态的混乱过渡期，可能脱离这个状况以后，会有更多未知的东西出现。我不太了解建筑界都在苦恼什么样的问题，但是在设计这方面，有相当部分的人在与互联网的共存中呈现出积极与消极因素。总而言之，处于过渡期的现在，我们需要找到相互共存的生存方式。

我们经常说"Digital"和"Analogue"。理性化的看成是"Digital"，而感性化的则看成是"Analogue"，但是我觉得

す。しかし、果たしてそれを「似ているから同じだ」と言えるのか考えて見なければいけませんね。磯崎新は文化の批評の中でこんな比喩をしました。「日本を除いた全ての国の全ての文化が等距離線上にある」これが何を意味しているかというと、アメリカでも韓国でも皆同じだということです。ですから、私以外は全てItsということです。これが現在の情報化時代においての危機ということなのです。真のThouと言えるのは、どんどん姿を消しているのです。

インターネット本も実はItsの世界との延長となる場合に、これもやはり私たちに与える影響が大きいと予測できます。今、私たちが「書・築展」をするのも、Itsで溢れている世界、こんなメカニズムに対してどのようにThouの世界を広めていけるのか、または、ItsとThouを共存させる方法は何なのかということを探しているとも言えます。

식으로 디지털화돼서는 안 된다고 생각합니다. 아날로그는 아직도 품격이 남아 있고 온정이 있고 따뜻함이 있어요. 시간이라는 개념도 있고요. 디지털은 빠르긴 하지만 소모적이고, 차가운 도구이고요. 그래픽하고 건축하고는 차이가 좀 있는 것 같아요. 디자인은 이미지를 다루지만 건축만큼 복잡하지는 않습니다. 디자인은 건축처럼 그 안에서 삶이 이루어지는 것이 아니라 보고 느끼는 것으로 끝나기 때문에 건축보다 단순한 것 같습니다. 건축은 삶이라는 것이기 때문에 아날로그도 고려해야 하는 거죠. 하지만 근본적인 줄기에서는 무엇을 표현한다는 것은 모두 같다고 봐요. 화가가 자기 그림에 깊이 파고드는 모습이나 건축가나 음악가나 자기 일에 자기 철학을 갖는 것 또한 다르지 않고요.

이 저도 정말 그렇게 생각하고, 최선생님과 이번에 만나서 벌써 우리가 한 7~8번 만나지 않았나요. 만나면서 여러 가지 이

living in belief that we have something that we do not before or never did. We are already in a world where wearing traditional clothing is viewed as strange.

Choi I agree. The pursuit of peace was a distant idea, but now it is something that we need to claim. On the other hand, though we may be passing through a chaotic transition period, we might be able to find things that we were not aware of before when this has gone by. I'm not sure what issues there are in architecture, but there is a certain amount of design that coexists with the internet, and there are positive and negative aspects to this. Anyway, as we are in a transition period, we do need to find a way to coexist.

这样简单地把感性 "Digital化" 是不可以的。"Analogue" 依然有品位, 并富有温情, 还有 "时间" 的概念。另外它还有 "时间" 的意思。"Digital" 虽然快速, 但却是消耗性的, 是一种冰冷的工具。制图和建筑是有一定区别的。书籍设计主要是处理关于图像的问题, 而不像建筑那么复杂; 人们会在建筑中生活, 而书籍设计仅仅止步于视觉和感官层面。因为建筑与生活密切相关, 所以我们要考虑到 "Analogue", 不过在基本脉络上想要表现的和设计应该是相同的, 这与画家、建筑师和音乐家钻进自己的作品世界里, 有着自己的理念是一个道理。

李: 我的想法和崔老师一样, 这次应该是我们的第七次还是第八次见面了吧? 通过这几次的见面和交流, 我真的学到了很多新的东西, 而我也一直在考虑这样一个问题, 就是建筑在这个时代究竟有着怎样的宿命, 我们的最终宿命和根

既に私たちにとって我々の伝統というもの、今日宗廟に行ったのですが、実は私たちが平素学んでいる歴史と伝統をあまり感じないで生きているじゃないですか。そうだということは、私たちには無いもの、無かったものを私たちに与えられたものだと考えて、その様に服を着て生きているのです。既に私たちの時代は相当な部分、伝統的な服を着るとむしろ変な人扱いされる、そんな時代に生きているのです。

崔 同意します。以前は平和は元からあったものだったのだが、今は探さなければいけないものになってしまいました。反対に、むしろ混乱を経験し個性が飛び交う時期を経ているのかもしれないが、この混乱を乗り越えると私たちが知れない未知のものが浮かび上がってくるのではないかと思っています。建築の方ではどんな悩みをしているのかはわかりま

야기 나누면서 저도 새롭게 정말 많은 배움이 있었지마는 사실 저는 이렇게 생각하는 부분이 있어요. 뭐냐 하면 건축과 디자인이 과연 이 시대에 있어서 어떤 소명이 있을까, 말하자면 궁극적 소명 ultimative한 미션이 있다면 무엇일까?

최 그 명제가 너무 커서 저도 정리를 좀 더 해봐야 될 거 같습니다. 교수님과 공감되는 부분이 많아서 그 부분에 대해서 조금 더 생각해보고, 이번 기회를 통해서 각자 노력하는 기회를 가지고 이런 노력을 꾸준히 이어갔으면 하는데, 그것이 우리의 소명이나 책임인지도 모르겠어요. 지금까지 자신을 돌아볼 시간이 많지는 않았지만, 이렇게 얘기하면서 나름 정리가 된 것 같습니다.

이 제가 드리고자 했던 질문이 매우 추상적으로 비춰졌다면 그런 의도는 아니었고요. 좀 더 단답형으로 답변할 수 있는 정

The terms analog and digital are commonly used. We view rational things as digital and emotional things as analog, but we should not digitalize our emotions. The concept of time exists in analog, as well as warmth, dignity and compassion. Digital may be fast, but it's also consumptive and cold. I think there is a difference between graphics and architecture. We do deal with images in design, but they are not as complicated as in architecture. Design is simpler in the aspect that it is seen and felt, whereas people dwell inside architecture. Thus it is necessary to put analog into consideration because architecture is closely related to life. However, I believe that there is no fundamental difference among artists, musicians, or architects in the way that they

本任务究竟是什么呢?

崔: 这个命题太大了, 我需要再整理一下。有很多地方我与李教授都产生了共鸣, 对那部分我需要进一步思考和整理。通过这次机会, 我希望, 我们在各自的领域努力并坚持向前发展。这可能就是我们的宿命, 或者说是应该担起的责任吧。虽然之前思考自己过去的时间很少, 但是通过这次谈话, 我觉得很多事情得到了梳理。

李: 我不是有意想把问题提得那么抽象的, 本来应该简单一些……我想到了一位相当有影响力的美国建筑师路易斯·康(Louis Kahn)的一句话:"当小孩子在街头闲逛路过一个建筑时, 能从那个建筑中感受到自己将来想要成为什么样的人, 那正是我想要设计的建筑、场所和街道"。我觉得不论是建筑师还是书籍设计师, 处在这个时代的我们也应该

せんが、デザインの方では一定以上をインターネットと共存する側面でポジティブな部分とネガティブな部分が全てあります。とにかく、現在が過渡期という側面でお互いに共存する生活を探していかなければならないと思います。

よく使われる言葉で、デジタルとアナログがあります。理性的なのはデジタルで、感性的なのはアナログとして見るのですが、感性をこのようにデジタル化してはいけないと考えます。アナログはまだ品格が残っていて、暖かさがあります。時間という概念もあります。デジタルは早いが消耗的で冷たい道具であります。グラフィックと建築は違いがあると思います。デザインはイメージを扱いますが、建築みたいに複雑ではありません。デザインはその中で生活や暮らしが行われるものではなく、見て感じるだけで終わるので建築より単純だと思います。建築は暮らしと切り離せないものなので、アナロ

도의 잘게 다듬어진 질문을 했어야 되는데... 사실 저는 미국의 건축가로서 상당한 영향력을 줬던 루이스 칸의 말이 생각나는데... 루이스 칸은 '어린 아이가 거리를 거닐면서 건물 앞을 지나갈 적에 앞으로 커서 어떤 사람이 되고 싶다, 라는 것을 느낄 수 있는 건물, 그런 장소, 그런 거리를 만들고 싶다.'는 이야기를 했습니다. 그건 건축이나 디자인이 이 시대에 있어서 그와 같이 메시지(message)를 줄 수 있으면 좋겠다는 의도였어요.

최 잘은 모르겠지만, 저도 그 말씀하신 아이랑 똑같아요. 아직까지 좋은 디자인을 보면 너무 좋고 감동적이고 스스로 너무 기쁠 때가 있고요. 지금도 좋은 주제를 보면 그래요. 그런 아기 같은 감성이 저에게 있어요. 건축도 똑같겠죠. 저도 아직 결론이 없이 과정이라고 생각합니다. 아직까지 좋은 걸 보면 흥분이 있는 것 같네요.

express their feelings or have their own philosophies.

Lee I completely agree with you. We have met about 7~8 times and I have learned so many things through our conversations. Most of all it makes me think about the ultimate mission of design and architecture.

Choi This proposition is so broad, and I definitely need time to organize my thoughts. There are many ideas that you and I have in common; I'll need some time to mull over them. I hope we can continue to have opportunities like this, which may even be our calling or responsibility. I haven't had many opportunities like this, and taking this time to reflect upon my thoughts has helped sort out my thoughts.

Kukdang-ri residential house

グも考えなければならない。しかし、根本的な筋では、何かを表現するということは皆同じだと言えるのです。画家が自分の絵に深く入り込む姿や建築家や音楽家が自分の物事においての自分の哲学を持つのも違ったことではありません。

李 私も本当にそう思いますし、チェ先生と今回でもう7～8回目会いましたよね。会っていろんな話をしながら、私も本当に新しい学びがありましたが、実は私はこの様に思うのです。何かと言いますと、建築とデザインが果たしてこの時代にどのような召命があるのか、つまり、最終的の召命ultimativeなミッションがあったとしたら、何なのでしょう。

崔 その命題がとても大きくて、私ももう少し整理をしなければならないと思います。李教授と共感できる部分が多く、その部分についてもっと考えて見て、この機会を通して各自努力する機会を持って、このような努力を続けていけたらと

Kukdang-ri residential house

Lee I'm afraid that my questions might have been too abstract but please know that it was not my intention. What I should have done is prepare the questions to be more concise so we could discuss them in more simple and clear ways. Something Louis Kahn, the influential American architect, stated comes to my mind. He once said that he would like to design buildings, places and streets where children, when they pass by, would think about what sort of person they would like to become when they grow up. He hoped for architecture or design to be able to carry messages in this era.

Choi I'm not completely sure, but I think I am that child that Kahn was talking about. I love looking at good

像他那样去传递有意义的信息。

崔：虽然不是很清晰，但是我觉得自己和您说的那个孩子很像。在看到好的设计、好的主题时，我还是会很感动，并自我陶醉一番。我觉得我还拥有那种孩子般的感性，建筑也应该是一样的吧？目前，我还没有具体的结论，而是在一个努力的过程中，见到好的设计，依旧兴奋不已。

李：我想为我们的后代或是当代人创造出可以激发他们直观视觉的那种设计，那种建筑。

崔：我现在也一直在那样做。我在做设计的时候往往相信自己的直观和直觉，其他影响因素则比较少，所以有时我自己也很难对自己的设计进行说明。但是这种直观设计如果能被很美地表现出来，我还是相当开心的。

思いますが、それが私たちの召命や責任なのかも知れません。今まで自分を見直す時間が多くなかったのですが、この様に話しながらそれなりに整理ができたと思います。

李 私がお聞きした質問が抽象的に見えたのならば、そのような意図ではありませんでした。もう少し短い答えをいただける程度の質問をしなければならなかったのに…。実は、私はアメリカの建築家として大きい影響力のあった、ルイス・カーンの言葉が思い出しました…ルイス・カーンは「子供が道を歩きながら建物の前を通る時に、これからこんな人になりたい、と思えるような建物、そんな場所、そんな道を作りたい」ということを話しました。建築やデザインがこの時代にとってそのようなメッセージを与えられるといいなという意図でした。

이 그런 것을 저는 시적 직관을 일으킬 수 있는, 후대에게나 지금 살아가는 사람들에게나 시적 직관을 열어 줄 수 있는 그런 디자인, 그런 건축을 하고 싶습니다.

최 저는 지금도 그렇게 하고 있다고 봐요. 저는 비교적 앞에 얘기하신 직관이라든지 직감을 믿고 디자인을 하고 있습니다. 부수적인 것 보다는 직감적으로 하는 디자인이 많고요. 그래서 가끔은 스스로 설명하기 어려울 때도 있어요. 하지만 그러한 것이 아름답게 표현되면 아직도 굉장히 즐거워요.

이 그래서 시적 직관이라는 것을 만들어 내려면 사실은 상당히 심오한, 단순한 표현 양식 정도가 아니라 어떤 관계방식과 존재 방식에 하나의 임팩트를 줄 수 있는 그 부분을 건드려주지 않는다면 사실은 시적 직관이 일어나기가 힘든 거죠.

designs. They move me and make me happy. Likewise with good topics; there are childlike emotions inside me. I guess it is the same with architecture. I think I am still in process. I get excited whenever I see a good design.

Lee I truly hope that our design and architecture may inspire the people around us today and in the future to think intuitively.

Choi I think we are already doing that. My designs are mostly based on intuition. So sometimes it is difficult to explain myself. However, when such thoughts and ideas are beautifully expressed, there is nothing more exciting than that.

李：所以想要创作出直观视觉，仅仅依靠非常深奥或单纯的表现形式是不够的。如果无法给某种关系和存在方式一种冲击，那么想要创造出直观视觉是件很困难的事情。

崔：我们不是一直在那样做吗？您对这个问题产生认知，就说明您已经在做这个事情。

2012年10月12日，星期五，第二次对话。
李：我刚才提到了"书·筑"这个概念，具体地说，"书·筑"是指"书籍和建筑之间如何对话"。同样的道理，我觉得我们现在所思考着的"场"的概念事实上也可能成为思维的基础。

崔 よくはわかりませんが、私その子供と同じです。未だに良いデザインを見るととても気持ちが良くなり、感動的で、自らすごく嬉しくなることがあります。今も良い主題を見るとそうなります。そんな赤ちゃんみたいな感性がまだ私にはあります。未だに良いものを見ると興奮するようですね。

李 そのような事を私は詩的直観をもたらす、これからの人々や今を生きて行く人々に詩的直観を開けることができる、そんなデザイン、建築をしたいです。

崔 私は今もそうしていると思います。私は比較的に先ほどお話しされた直観や直感を信じてデザインをしています。部首的なものよりは、直感的に仕事をするデザインが多いです。なので、時々自分でも説明しづらい時もあります。しかし、

최 저도 그렇게 하고 있고, 이 선생님도 그렇게 하고 계시지 않나요? 그것을 인식하고 있다는 것은 이미 하고 있다는 것이 아닐까요?

2012년 10월 12일 금요일. 두 번째 대화
이 조금 전에 말씀 드렸던 서·축이라는 개념에서 서·축은 '책과 건축이 어떻게 대화할 수 있느냐'에 관한 이야기를 하는 것이라 생각합니다. 같은 맥락에 있어서 우리가 지금 고민하고 있는 '터'라는 개념도 사실은 우리 사유의 토대가 될 수 있는 것이 아닌가, 생각합니다.

Lee Therefore, in order to develop an intuition, there needs to be a way to impact on relationship and existence, rather than simple expressions.
Choi Isn't that what we are both doing already? Maybe the fact that we are aware of it means that we are already in the process.

Friday, October 12, 2012. Second interview
Lee The concept of the Locus Design Forum mentioned earlier is concerned with how books and architecture

如今，我们看着昌庆宫、昌德宫，反而会觉得相对于建筑物，"场所"和"场地"更为悠久。究竟它们之间怎样协调，建筑又是如何放置在"场"里的，我觉得我们可以讨论一下这样的话题。
崔老师您作为一名书籍设计师，在社会性和某种主题方面，关于设计，您应该有自己的方法和体会，结合这样的方法和"场"的理论，您能否谈谈自己的见解。
崔：我今天参观了昌德宫，感触颇深。首先，从设计层面来看，我认为建筑设计与书籍设计并没有什么太大的区别。其次，让我回想起我们曾经讨论的话题中非功能性的，我国建筑所拥有的自然、风度、品格、从容、余白等元素。我也在许多作品中经常使用这些词汇。通过"留白"让人们进入到设计之中，并与之对话。如果给出完整的答案，我们的对

そのようなものが美しく表現できると、未だにとても気持ちがいいです。
李 それで、詩的直観というのを作るには、実は相当な深刻さ、単純に表現方式程度ではなく、ある関係方式と存在方式に一つのインパクトを与えられる、その部分を触れてあげられなければ、詩的直観は生まれることが難しいのではないかと思います。
崔 私もそうしていますし、李教授もそのようにしていらっしゃってるのでは無いですか？それを認識しているということは、既に実行しているのではありませんかね。

오늘도 우리가 창경궁, 창덕궁을 보면서, 한국의 전통 건축적 특징은 건물보다 오히려 장소, 터라는 곳을 더 영구적인 것으로 보았다고 느꼈는데, 그것을 어떻게 조화시켰고 또한 건축을 그 '터'에 어떻게 놓았는가에 대해 서로 이야기 할 수 있지 않을까, 하는 생각이 드네요.

최 선생님께서는 책을 만드는 일을 하시는데요. 본인이 생각하시는 어떤 디자인 함에 있어서 그 디자인이 사회적으로 혹은 특정 주제에 있어 나름대로 풀어가는 방법이 있으실 것 같은데, 그런 풀어가는 방법과 사유로서의 '터'라는 개념을 연결시켜서 얘기할 수 있는 부분이 있으신가요?

최 오늘 창덕궁을 돌아보면서 참 많은 감명을 받았어요. 먼저 디자인이라는 측면, 설계라는 측면에서는 건축과 디자인이 크

can communicate with each other. In that sense, the shed that we are talking about could be the foundation of our thoughts.

As we looked around Changgyeong and Changdeok Palaces, I realized that traditional Korean architecture put more consideration into the place than the building itself, believing that the site was permanent. We can talk about how they are in harmony with the shed and the building and also how the building is placed in the shed.

I believe that as a book designer, you must have a unique way to resolve social issues or other certain topics. In the process, is there any part that you can relate to the concept of the shed?

话就会终止；与此相反，我国的传统建筑物是通过"余白"和来访者进行对话。在空白之中，让人切实地感受到一种可游的"场"，或是可以与别人交流的"场"，又或是风度、品格，诸如此类等等。

与此同时，我经常会思考，我所做的设计究竟是什么呢。从思维角度来看，设计中所说的"场"代表一个更大的概念，也许就是指设计师的情感。我在想，从出生到现在我所具有的东方人的感性，我个人对事物的理解等等，我的这些情感对我自己而言又何尝不是"场"呢。

如今社会整体上变得功能化、合理化和高速生产化。在这样一个越来越冰冷、垂直主义和生产主义盛行的世界，我所追求的设计在从容、品格、风度等方面有着互补的部分。带着这样的想法，今天参观了昌庆宫和昌德宫，我感触颇多，

2012年10月12日金曜日。二回目の会話。

李 先ほど話しました書築という概念から、書築は「本と建築がどの様に会話をすることが出来るのか」について話をしているものだと思います。同じ流れで、私たちが今悩んでいる「場」という概念は、実は私達の思惟の土台になれるのではないかと思いました。

今日も私たちが昌慶宮(チャンギョン宮)、昌徳宮(チャンドク宮)を見ながら、韓国の伝統建築的特徴は建物よりむしろ場所、「場」という所を、もっと永久的なものとして見たと感じましたが、これをどの様に調和し、また、建築をその「場」にどの様に置くかということについてお互い話し合えるのではないかと思います。

게 다르지 않다는 생각이 들었고요. 그 다음으로 그 장소를 돌아보면서 같이 말씀 나눴던 것 중에서 기능적이지는 않지만, 우리나라 건축이 갖고 있는 자연적인 품위, 품격, 여유로움, 여백이라 하는 말을 저도 여러 작업에서 쓰고 있는데요. 그것은 여백을 남겨둠으로써 바라보는 사람으로 하여금 디자인으로 들어와서 소통할 수 있는 장을 마련해 준다는 데 굉장히 의미가 있죠. 내가 완벽하게 답을 제시하면 대화가 단절되고, 그 것으로 끝이 나는데, 이와 반대로 여백을 마련하는 우리나라 전통 건축물을 바라보면서 전통건축은 그 여백을 통해 바라보는 사람과 대화를 하고 있다고 생각해요. 여백이라는 것에서 내가 놀 수 있는 '터' 또는 다른 사람과 공동으로 소통할 수 있는 '터', 또한 거기서 나오는 품위, 품격과 같은 것을 굉장히 많이 느꼈어요.

Choi I was very inspired while visiting Changdeok Palace today. First of all, I now think that architecture and design are not that different in the sense that they are both designed. Secondly, from the conversation we had at the palace, although not functional, the terms related to Korean architecture, such as natural dignity, elegance, relaxation and void are also used in design. This is very meaningful in the sense that empty spaces provide a chance for viewers to communicate with the design by entering it. If one were to present a perfect answer, the conversation would come to an end. Whereas in the traditional architecture of Korea, I look at the empty spaces and think it leaves room for observers to communicate with the structures through the void.

十分高兴。这也是一次可以对设计重新思考的机会，一次重新审视自己的机会。

在设计过程中我在想，所谓建筑学的"场"即自身所持有的感性或建筑与人对话的场所、余白等，对我而言，这些又何尝不是一种"场"呢？"Shed"指的是建立在其上的表现手法。

上一次我也说过了，通过与李教授的交流，我个人对设计构成的理解以及相应概念，似乎都以这次项目的形式表现出来了。在所谓东方文化，即上次提到的"包裹文化"的基础上，以打开包裹为目的、在其两侧分别设置了开启装置，里面包含"内在化、拼贴画、相片"三种内容，并按照各自的表现要求做了合理设计。今天看了昌庆宫，听到"这里建完后，如果需要再建，要明确这一切都是根据地形进行的"的说明时，我深有感触。

チェ先生は本をお作りになられますが、本人が思うデザインをする時に、そのデザインが社会的に、もしくはある特定の主題において、自分なりの解き方があると思われますが、その解き方と思惟としての「場」という概念を結んでお話いただける部分がありますか？

崔 今日、昌徳宮(チャンドク宮)を回り歩きながら、本当に多くのことに感銘を受けました。まず、デザインという側面と、設計という側面では、建築とデザインがそれ程違わないということに気づきました。その後は、そこで回り歩きながら交わした会話の中で、機能的ではないが、韓国の建築が持っている自然な品位、品格、余裕らしさ、余白という言葉を私も色んな作業で使うのだが、これは余白を残すことによって、見る人によってデザインの中に入り、コミュニケージョン

그러면서 제가 하는 디자인이 궁극적으로 뭘까라는 물음에 대해 많은 생각을 했어요. 그러한 측면에서 사유적으로 볼 때 디자인에서 말하는 '터'라는 것은 조금 더 큰 개념으로 디자이너가 갖고 있는 감성이 아닌가 생각해 봅니다. 태어나서 살아온 나의 동양적인 감성, 바라보고 내 나름대로 사물을 해석하는 내 감성이 나한테는 터가 아닐까? 하는 생각을 많이 해 봤습니다. 사회가 전반적으로 기능화, 합리화되고 지나치게 생산적이어서 따뜻하기 보다는 차가운, 수직주의, 생산주의 세상에서 제가 추구하는 그런 디자인들은 여유로움, 품격, 품위를 추구한다는 점에서 상호 보완되는 부분이 있다고 생각합니다. 그러한 부분에서 오늘 창경궁, 창덕궁을 둘러보면서 느낀 것도 많았고, 참 즐거웠어요. 디자인에 대한 것을 다시 한 번 생각할 수 있는 기회가 되기도 하고, 나 자신을 돌아볼 수 있는 기회였기도 했고요.

Through void, I have deeply appreciated the shed I can explore and the shed I can communicate with others, as well as dignity and elegance within it.

Then I began to think about the ultimate goal of my design more deeply. In this respect, I think the concept of the shed in design is the emotion of designers in a broader sense. My personal conclusion is that the Asian perspective I have acquired in my growth, and the emotion I observe and analyze with is my shed.

Today's society is overall cold, vertical, and overly productivity-driven due to functionalization and rationalization. I think the design I aim for complements this by aspiring to be relaxed with dignity and elegance.

の場を与えるというのに大きい意味があります。私が完璧に答えを出したら、会話は切れてしまい、それで終わりになるが、これとは違って余白を残す韓国の伝統建築物を見ると、伝統建築はその余白を通じて見る人と会話が出来るを思います。余白というのは私が遊べる「場」であり、または他人との共通した会話の「場」、そしてそこからあふれ出す品位と品格のようなものをたくさん感じ取れました。

そして私がしているデザインは最終的に何を求めているのかについて考えました。そんな側面での思惟的な観点で見ると、デザインでの「場」はもう少し大きい概念であり、デザイナーが持っている感性ではないかと思いました。生まれて生きてきた私の東洋的な感性、見つめて自分なりに物を解説する感性が私にとっての「場」ではないかなと思いました。

디자인 할 때, 저의 소위 건축학적인 '터'라는 것은 제 자신이 갖고 있는 감성, 이것을 바라보는 사람들과 소통할 수 있는 자리, 여백, 이러한 것들이 저한테는 일종의 터가 아닐까? 하는 생각을 해 보았습니다. shed라는 것은 그것 위에 짓는, 내가 표현하는 방법들이고요.

지난번에도 말씀 드렸지만, 저는 이번 디자인의 구성에 대해 이 교수님과 쭉 소통해 오면서 제 나름대로 결론지은 개념을 이번 프로젝트의 형식으로 표현해버린 것 같다는 생각이 드네요. 소위 동양이 갖고 있는 문화, 보따리 문화라고 지난번에 한번 말씀 드렸던 그 보따리문화에서 '보따리를 푼다.'라는 측면에서 양쪽에 풀 수 있는 장치를 마련했고요. 다음으로 그 안에 3가지, 우리가 이야기하는 내재화, 콜라주, 포토그램을 각자의 표현에 맞게, 각자에 맞게, 자연스럽게 디자인했습니다. 오늘

Looking around the palaces was an opportunity to think about design and to reflect upon myself.

In my design process, the shed would be the emotions I have, the place and void where I communicate with the observers. Moreover, it would be the ways I express on top of it.

As I mentioned before, the concept I have come up with through our discussions about the composition of design have been expressed in the form of this project. Previously I compared the Eastern culture to a bundle. I arranged a system within this bundle culture that can be solved by both sides. And then I designed the three things we discussed: internalization, collage, and photogram according to each expression.

Hyangdan

社会が全般的に機能化、合理化して行き、度が過ぎるほどの生産的であって、暖かいよりは冷たい、垂直主義、生産主義の中で私が求めるその様なデザインたちは余裕らしさ、品格、品位を追及するということで相互補完が可能な部分があると思います。そんな部分で、今日昌徳宮(チャンドク宮)と昌慶宮(チャンギョン宮)を見回りながら感じたことも多く、本当に楽しかったです。デザインについてもう一度考え直す機会になったし、私自信も見直す機会になりました。

デザインをする時に、いわゆる建築学的な「場」というのは、私の持っている感性、これを見つめる人々と通じ合える所、余白、この様なものが私には一種の場ではないかと思いました。Shedというのは私がその上に建てる、私が表現する方法であります。

창경궁을 보면서 그런 생각했는데, 여기다 짓고 필요하면 저기다 또 따로 짓고 거기에 맞춰서, 지형에 맞춰서 했다는 설명을 들었을 때 굉장히 큰 감명을 받았어요.

디자인이라는 것도 작위적인 것 보다 자연스러운 것이 훨씬 더 아름답고 큰 힘을 발휘해요. 이번 주제를 또 그런 측면에서 다루어 보면 어떨까 하는 생각이 드네요. 저는 보따리 안에 각각의 컨셉에 맞게 3가지가 들어 있는 디자인을 생각해 봅니다. 그래서 이번에 아파트를 짓는다기보다는 각각에 맞는 조그만 단독주택을 예쁘게 지을 수도 있고, 얼마든지 늘려나갈 수 있는 어떤 형식을 한번 취해 봤습니다.

이 예, 그렇군요. 아주 재미있는 얘기를 해주셨는데, 어떻게 말하자면 디자이너가 뭔가 느낀다는 것, 어떻게 보면 보이지 않

While I was looking around Changgyeong Palace, I was much inspired when I heard that the reason for constructing the structures at certain spots was to fit the topography.

Natural designs are always more beautiful and stronger than artificial ones. How about approaching the theme in this aspect? I am thinking of a design in a bundle that has three things that go with each concept. So my approach was in a flexible form in which small individual houses can be designed to fit uniquely rather than an apartment.

Lee Yes, I see. Thank you for sharing your interesting idea. In a way, I think it is important to consider

设计亦是如此，相对有意识的行为，自然的东西更美，也能发挥出更大的作用。我觉得本次主题也可以在这方面进行讨论。我在思考包裹里面可以用三种符合各自概念的设计。因此，这次采取的形式并不是公寓式建造模式，而是像建造小型独立住宅一样符合各自的需求并能无限发展的形式。

李：原来如此。您说的很有意思。从某种角度来说，设计师所感受到的也许是我们看不到的。我刚刚提到了"内在化"这一说法，或许，考虑不完全表现也是一种重要的策略。我的指导教授也写过类似的书，是关于城市若隐若现方面的。在这方面，胡同颇具代表性。我们进入胡同，眼前并非一览无余，有些东西若隐若现的，给人们带来了很大的乐趣。

以前にもお話させていただきましたが、私は今回のデザインの構成について李教授とお話させていただきながら、自分なりの結論を出した概念を今回のプロジェクトの形式で表現するのではないかと思いましたね。東洋が持っている文化、包み文化といって、以前に一度話したその包み文化で、「包みを広げる」という側面で、両サイドで広げられる装置を準備しましたし、その後、その3つ、私たちが話していた内在化・コラージュ・フォトグラムを各自の表現に合わせて、各自に合わせて、自然的にデザインしました。今日、昌慶宮(チャンギョン宮)を見ながら、ここに建てて、必要だったらまた他の所に建てて、そこに合わせて地形に合わせたという説明を聞いたときには大きな感銘を受けました。

デザインというのも作為的なものより自然的なものの方が何倍ももっと美しく、大きな力を発揮します。今回の主題をそ

는 것, 저는 내재화라는 말씀을 드렸었지만, 다 보여주지 않는 것을 고려하는 것도 중요하다 생각합니다. 제 지도 교수님도 그런 류의 책을 쓰셨는데, 즉, 보여졌다, 보여 지지 않았다 하는 도시에 관한 것이었죠. 대표적으로 골목길을 그와 관련된 예로 들 수 있을 거 같은데요. 골목에 들어가면 한 번에 모든 것을 보여주는 것이 아니라, 어떨 때 보면 감춰지기도 하고 어떨 때 보면 나타나기도 하면서 사람들에게 즐거움을 주는 것이지요.

오늘 우리가 창경궁, 창덕궁을 보면서도 '감춰졌다, 보였다' 하는 즐거움이 장소에 많이 나타났다는 것을 볼 수 있을 거예요. 이러한 맥락에서 특히 지난번에 우리가 보았던 종묘도 그 가운데를 누가 걷는가 하는 문제가 중요하게 고려되는데 즉, 보이지 않는 공간, 망자의 길, 이 종묘 가운데 있다는 거죠. 그러한 것도 건축적으로 상당히 의미심장한 주제였다고 볼 수 있지

something I have mentioned as internalization, or not showing everything that the designer feels. My professor wrote a book related to this, which is about a city that is seen and unseen. A typical example for this would be an alleyway. An alleyway does not show everything at once, but gives enjoyment to people by appearing and disappearing.

I believe we have experienced this enjoyment of views 'disappearing and appearing' in places at the palaces we visited today. In this sense, the question of who is walking through is considered important at Jongmyo where we visited last time. That is, invisible space, like the road of the dead, is within Jongmyo. This was also a significant

今天通过参观昌庆宫和昌德宫，我们可以发现场所中有很多"若隐若现"的乐趣。同样的道理，尤其是上回参观的宗庙也涉及这方面的问题，也就是"谁在其中走"的问题。换言之，在宗庙里也有看不见的空间，如亡者之路等。这也可以看作是建筑中一个相当意味深长的主题。这种空间提供的服务对象其实不是看得见的人，而是看不见的人。用建筑学的方式表现这种想法，是很有意思的。其实，这些通道和路不应该有人行走。

崔：参观这些建筑物，发现虽然它们并不具备功能性，但蕴含着一种意义，是一种与表面所看到的东西毫无关联的意义。这非常有意思，就像一首诗。作为一名书籍设计师，我也觉得意味很重要。书籍以实物的形态留下了意义，设计师如果把所有东西提前展示给人们的话，大家就失去了想象的空间。为了思索而特意制造余白，这多少有些勉强，但是

ういう側面にピントを合わせるのもどうかなと思いました。私は包みの中の各コンセプトに合わせ、3つが入っているデザインを考えて見ます。そして、今回アパートを建てるというより、各自に合った小さな一軒やを建てることも出来、いくらでも増やすことの出来る形式を取って見ました。

李　あ、そうなんですね。とても面白い話をしてくださいましたが、デザイナーが何かを感じるということ、見えないもの、私は内在化とお話いたしましたが、全てを見せないことも重要だと思いました。私の指導教授もその様な本をお書きになさったのですが、即ち、「見え隠れする都市」に関するものでした。代表的に小道とそれに関した例を挙げられますが、小道や横道に入ると一辺に全てを見せてあげるのではなく、ある時は隠れたり、ある時は現れたりして人々に楽しさを与え

요. 그곳에서 대상으로 하고 있는 것은 사실 보이는 사람들이 아니라 보이지 않는 사람들을 위한 공간입니다. 그러한 생각을 건축적으로 해석했다는 것이 상당히 재미있는 부분인 거죠. 그 통로, 길 들이 사실은 사람이 걸어서는 안 되는 길이었던 것이죠.

최 건축물을 돌아보면서, 기능적이지는 않지만 보이는 것과 상관없는 의미를 두었다는 것은 상당히 흥미로웠습니다. 마치 하나의 시와 같았다고 볼 수 있지요. 저도 디자인에 있어서 중요하게 생각하는 부분이 뉘앙스입니다. 책이라는 것도 물건으로 다가와서 의미로 남는 것인데, 디자이너가 그 의미를 미리 다 보여주면 사람들은 생각할 것이 없어지는 것이지요. 생각을 위해서 여백을 만든다는 것 까지는 억지일 수 있지만 '여백을 만들어 줌으로써 생각할 여유를 준다.' 라고는 할 수 있겠지요.

theme architecturally. The target of this place is not for the visible, but for the invisible. The considerably interesting part is that the architect has interpreted the idea in architectural ways. The passage and the street were not meant to be used by people.

Choi Looking around the architecture, I found it quite interesting that although not functional, meanings were not irrelevant to the things we see. It was like a poem. I also think nuance is important in design. A book also draws near us as an object and becomes meaningful. If a designer shows the whole meaning from the start, there is nothing left for people to think about. It might be an exaggeration to say that we design void for the

可以说 "通过制造余白, 给大家留以想象的空间", 即使看不见也可以感受得到, 这就是意味。对于设计师来说, 这种意味很重要。因此, 我一直都在努力追求一种时间上的理念和一种可以感受到但不可视的空间设计。

从这方面来看, 西方建筑和东方建筑存在着很大的区别。如果说西方建筑已经给出了完整的答案, 那么东方建筑是让人去寻找答案。当然, 这也同样适用于设计。

李: 建筑可以把 "不可视" 的东西 "可视化"。比如概念这种东西本并不可视, 但建筑能够使之 "场所化"、"空间化"、"视觉化"。除此之外, 建筑还能将可视的东西 "不可视化"。观察祖先们优秀的设计你就会发现, 有很多情况都是把可视的东西 "不可视化" 了。也许就是把眼睛轻轻闭上, 脑海中出现的那种感觉。我觉得这些部分也蕴含在我们的传统

るものでした。

今日、私たちが昌慶宮(チャンギョン宮)、昌徳宮(チャンドク宮)を見るときにも、「隠れたり、現れたり」する楽しさが場所に多く現れたことを見れたと思います。特に前回私たちが見た宗廟もその真ん中を誰が歩くのかという問題が重要な顧慮項目でしたが、つまり、見えない空間、亡子の道、この宗廟の真ん中にあるということです。この様な問題も建築的には相当疑問に思う主題だったかと思います。そこで対象としているものは実は見える人々ではなく、見えない人々のための空間です。そんな考えを建築的に解説したというのがとても面白い部分であります。その通路、道が実は人が歩いてはならない道だということです。

보이지 않더라도 알 수 있는 것, 즉, 이것이 뉘앙스죠. 디자인에 있어서 이 뉘앙스는 상당히 중요한 것이라 생각합니다. 저는 이러한 맥락에서 시간에 대한 개념과 보이지 않지만 알 수 있는 것에 대한 디자인을 추구하려고 노력하고 있습니다.

이러한 측면에서 서양건물과 동양건물을 비교하자면, 서양건물은 이미 답이 나와 있는 건물처럼 느껴지고 동양건물은 답을 찾아나가는 건물처럼 느껴지네요. 물론 이러한 것이 디자인에서도 똑같이 적용 되고요.

이 보이지 않는 것을 보이게 하는 것이 건축이기도 합니다. 개념이라는 것은 보이지 않는데 그 개념을 장소화하고 공간화 하고 시각화하는 것이 건축입니다. 하지만 보여 지지 않는 것을 보이게 할 뿐 아니라 보여 지는 것을 보이지 않게 하는 것 또한 건축적 요소입니다. 우리 조상들의 아름다운 디자인들을 보면 보여 지는 것을 보이지 않게 한 측면이 많이 있습니다. 눈

sake of thinking, but we could say that 'we provide thinking room through empty spaces'. Something that we know even if it is invisible, this is nuance. And I think this is very important in design. In this sense, I am trying to pursue design regarding the concept of time and the things you are aware of even though they are invisible.

When we compare the Western building with the Eastern building, it seems like the Western has already provided the answer, whereas the Eastern is on its way to find it. This of course applies to design.

Lee Another aspect of architecture is making the invisible visible. The concept itself is invisible, but architecture spatializes and visualizes it. On the other hand, the architectural element is not only visualizing

建筑当中。我们称之为"相片",类似于语言世界,偶尔会在建筑中有所体现,那设计方面又是怎样的呢？

崔：设计中当然也会有这样的情况。丹青色就是一个代表性的例子。丹青色刚开始时色彩很鲜明,但随着时间的推移,颜色就会有所变化。我们既可以说它是一个旧的颜色,也可以说这是一个新的颜色。说起我国的传统,最先想到的可能就是自然。大家都会感觉很舒服很放松吧。我认为这就是昔日的力量,自然的力量。

我国的建筑也是如此,给人的感觉没有牵强只有自然。身处其中会感觉很舒服。同时自然而然地就会开始审视自己。传统设计也是如此,传统设计中蕴含的自然和惬意使人们一眼就能看到它的美丽。

李：我觉得时间给人的感觉以及前面所提的,在"可视化"世界中让人感受到某种乐趣,大概就是传统建筑表现的

崔 建築物を見回りながら、機能的ではないが、見えるものとは関係ない意味を持っているというのはすごく興味深かったです。まさに一つの詩の様です。私もデザインにて重要だと考える部分がニュアンスです。本というものも物として来るが、意味として残るものです。デザイナーがその意味を事前に全て見せてしまうと人々は考えることが無くなってしまうのです。考えのために余白を作るのは少々無理やりに見えますが、「余白を作ることで、考える余裕を与える」とも言えますね。見えなくても知ることが出来ること、これがニュアンスです。デザインにおいてこのニュアンスはとても重要です。私はこの意味で時間についての概念と見えないけれど知ることが出来ることについてのデザインを追及しようと努力しています。

을 지그시 감았을 때 마음속에 떠오르는 그 어떠한 느낌일 수 있겠죠. 저는 이러한 부분도 우리 전통건축에 많이 내재되어있다고 생각합니다. 이러한 것을 포토그램이라는 언어 속에 보여주는 세계가 건축에서는 간혹 있는데 디자인에서는 어떻습니까?

최 디자인에서도 그러한 면이 쓰일 때가 있지요. 하나의 예로, 우리나라의 단청색이 될 수 있을 것입니다. 단청색은 처음에는 색이 선명하지만, 시간이 지나면 조금씩 색이 달라집니다. 한 측면에서 보면 낡은 색이 될 수도 있지만 다른 측면에서 보면 새로운 색이 나오는 것으로 볼 수도 있겠지요. 우리나라의 전통적인 것을 보면 가장 먼저 느껴지는 것은 자연스러움입니다. 여기에 사람들이 편안하다고 느끼는 것이죠. 이것이 바로 과거의 힘, 자연스러움의 힘이라 생각합니다.

the invisible, but also concealing the visible. When we look at the beautiful design of our ancestors, they have a tendency to hide the visible. It could be a feeling that comes to mind when you close your eyes. I think this is another aspect that is deeply embedded in our traditional architecture. In architecture there is a world that shows this within the term photogram occasionally; how about in design?

Choi Yes, it does exist in design. Dancheong *traditional multicolored paintwork on wooden buildings is an example of this. The color of the paint is very bright and clear at first but changes with time. It could be called fading, but on the other hand, it could be considered of as new colors. The first thing that comes to mind when

美了。书籍设计中也有类似的技巧和方法吗?

崔：设计师好像很难摆脱自己的经验和周围环境所带来的影响。书籍设计或是建筑设计，最终目的都在于表达自己。当然了，也有与时代精神、宏观性哲学相结合的情况。这样就形成了一种方向。从这种情况来看，与其说是特别的技巧方法，不如说是哲学性的思维更恰当一些。

听了教授的发言，我感觉建筑设计和书籍设计之间有很多相似之处。思维结构相同，寻求答案的过程也相同，感性的趋势也相同。很荣幸能与教授进行这样的交流，我觉得很有意思，也很高兴。

李：这样就好。我也和你有同感。这次对话，我们把可视的东西进一步升华为"不可视"的东西，开启了一个全新的感

この様なことで西洋の建物と東洋の建物を比較すると、西洋の建物はもう既に答えが出てるように感じられ、東洋の建物は答えを探していくような建物のように感じられますね。もちろん、これらはデザインでも同じく適用されます。

李 見えないものを見えるようにするのが建築行為です。概念というのは見えないのだが、その概念を場所化し、空間化し、そして視覚化するのが建築です。だが、見えないものを見えるようにするだけではなく、見えるものを見えなくすることもまた建築の要素です。私達の祖先たちの美しいデザインを見ると、見えるものを見えなくしたものも多く見当たります。目をゆっくり閉じたときに心に浮かぶ感じなのかもしれません。私はこんな部分も私たち伝統建築に多く内在していると思います。この様なフォトグラムという言語の中で見える世界が建築ではいくつかありますが、デザインはどうですか?

우리나라의 전통건축들을 보면 억지가 없고 자연스러움이 있습니다. 그곳에 있으면 편하다는 생각이 들지요. 그러면서 자연스럽게 나를 돌아보게 되는 것이고요. 마찬가지로 전통디자인을 보면, 자연스러움과 편안함 때문에 아름답다는 것을 한 눈에 알아볼 수 있는 것이지요.

이 시간 속에서 나타날 수 있는 느낌과 앞서 말한 보여 지는 세계에서 풍류를 느끼게 하는 것이 바로 전통건축이 갖는 멋이 아닌가 생각합니다. 디자인에서도 그런 부분에 대한 기법이 있나요?

최 디자이너들은 자신의 경험과 환경에서 벗어나기 어려운 것 같습니다. 디자인이나 건축도 결국에는 자신을 표현하는 것이죠. 물론 여기에 시대정신, 거시적 철학들이 섞였을 때 나타나는 현상들이 있습니다. 여기에서 일종의 방향이 생기는 것이

we see traditional things is naturalness. It feels comfortable to people. This is the strength of the past and naturalness.

If you take a look at traditional architecture of Korea, there is nothing forced, but everything is natural. You feel comfortable within it, and naturally start to reflect on yourself. Similarly in traditional design, you can easily notice that the beauty comes from naturalness and comfortableness.

Lee I believe that the beauty of traditional architecture comes from the sentiments expressed in time and elegance in the visible world. Is there a technique similar to this in design?

性的世界。我觉得把这些与建筑相联系, 也许会创造出一个新的、富有诗意的场所。

崔：这次所参观的建筑中, 宗庙的祭坛和昌庆宫的格局给我留下了很深的印象。尤其是昌庆宫的格局实在是美。在设计中表达感性时, 最重要的就是象征性。在昌庆宫, 随着观察角度的变化, 可视和不可视的东西也会随之改变, 我想这是不是象征性地表达了什么东西? 到现在我还是很好奇。当然, 能够思考这样的问题本身就是一件很快乐的事。

李：在我国的传统建筑中, 从头至尾只有一条轴线的情况并不多。自然界中左右对称的情况不是也很少吗。自然的形成本身事实上就更倾向于非对称性, 在我国的传统建筑技巧中, 经常会把自然的这种特点发挥到极致。所以我想说, 可以通过将可视的东西 "不可视化", 使人感受到深层的场所性。

崔　デザインでもその様な面が使われることがあります。一つの例として、韓国の丹青色を挙げられます。 丹青色は最初は色が鮮明ですが、時間が過ぎると共に色が変わってきます。色あせた古い色に見えるかも知れませんが、反対で考えると新しい色が出てくるとも見えます。韓国の伝統的なものを見ると一番最初に感じられるのは、自然であることです。そこで人々は自然さを感じるのです。これがまさに過去の力、自然の力だと思います。

韓国の伝統建築を見ると無理なものが無く、自然らしさがあります。そこにいると安らぎを感じます。そうしながら自然的に自分自身を見直すことも出来るのです。同じように伝統のデザインを見ると、自然らしさと心の和みを感じさせることによって、美しさを一目で分かることが出来るのです。

죠. 이러한 측면에서 어떤 특별한 기법이라기보다는 철학적 사유로 말하는 것이 조금 더 합당 할 것 같습니다.

이번에 이 교수님과 대화를 통해서 건축과 디자인이 많은 점에서 비슷하다는 것을 느꼈습니다. 생각하는 구조도 비슷하고, 문제에 대한 답을 찾아내는 과정도 비슷하고, 감성의 추이도 비슷하다고 느꼈습니다. 이러한 점에서 대화가 참 재미있고 즐겁다고 생각했습니다.

이 그렇군요. 그러한 면에서는 저 역시도 동감입니다. 이번에 우리가 보여 지지 않게 하는, 즉, 보이는 것을 보여 지지 않게 함으로서 한 단계 높은 감성의 세계를 여는 이야기를 했는데요. 이러한 것이 시적인 장소 만들기와 연결될 때 상당히 새로운 장소 만들기가 가능하지 않을까, 하는 생각이 드네요.

Choi I think it is difficult for designers to break off from their experience and environment. Design, as well as architecture, is about expressing oneself. Of course there is a phenomenon that occurs when macroscopic philosophy and the spirit of time are combined. A sense of direction appears here. From this aspect, it would be more appropriate to talk in terms of philosophical thoughts rather than a specific technique.

Our discussion has helped me realize that design and architect are very similar in many aspects. The structure of our thoughts, the process of problem solving and the development of emotions are very similar. For this reason, the conversation was intriguing and pleasant.

最近我们所谓的数码技术是一种把"不可视"的东西可视化的技术。比如说，通过影像可以看见原来无法看见的东西，诸如此类的情况数不胜数，数码技术已经非常发达。但是另一方面，把可视的东西"不可视化"的部分还做得很不足，没能发展到另外一个全新的境界。虽然说传统可以把可视的东西"不可视化"，进入到另一个层次，但是我认为这其实是感性的世界，是数码技术无法具备的能力。

崔：在数字化时代，书籍的信息传递能力明显减弱。相反的是，书籍作为一个物体，对其物体本性的美的要求却越来越高了。我觉得就如同黑白照片，虽然叙述的是200年的历史，但仍然在作品中被使用。书籍也是一样，在物性美方面正在不断提高和发展。虽然数码时代大量充斥着启发性的东西和信息等，但左右人们感情的还是传统的力量。从这方

李 時間性の中で感じることと、見え映る世界で風流を感じられるのが伝統建築が持つ美しさじゃないかと思います。デザインでもこの様な部分についての技法がありますか？

崔 デザイナーたちは自分の経験や環境から離れることが難しいです。デザインも建築も結局自分を表現するものです。もちろんここに時代精神、巨視的哲学が混ざったときに現れる現象があります。ここには一種の方向が出来るのです。この様な側面で何か特別な技法より、哲学的思惟で話すことがもう少し良いかと思います。今回は李教授と会話を通じて建築とデザインが色んな部分で似ているということを感じました。考える構造も、問題についての答えの探し方、感情の推移も似ていると思いました。この様な点で、会話がとても面白く楽しいと思いました。

최 이번에 다녀본 곳 중에서 종묘의 제단과 창경궁의 배치가 참 인상 깊었습니다. 특히 창경궁의 배치가 참 아름다웠습니다. 감성을 표현할 때 디자인에서 중요한 것이 상징성입니다. 창경궁은 보는 각도에 따라 보이는 것과 보이지 않는 것이 달라졌는데, 이러한 것에 상징적인 무언가가 있지 않았을까, 하는 생각을 해보았습니다. 지금도 참 궁금한 부분이고요. 이러한 생각자체가 참 즐겁습니다.

이 우리나라 전통건축에선 축선을 처음부터 끝까지 하나로 하는 경우는 많지 않습니다. 자연에서도 좌우 대칭적인 것이 거의 없잖아요? 자연의 형상자체가 사실은 대칭이라기보다는 비대칭인데, 이러한 자연의 특징을 극적으로 나타낸 것이 우리나라 전통 건축적 기법에 많이 보이는 거죠. 제가 여기서 말씀 드리고 싶은 것은 보여 지는 것을 보여 지지 않게 하면서 어떤

Lee I agree with you on that. We have talked about opening a higher level of the emotional world by making the visible invisible. I believe that these ideas would contribute greatly to making a new space when they connect with making a poetic place.

Choi Among the places we visited this time, the alter of Jongmyo and the placement of Changgyeong Palace were very inspiring. The placement of Changgyeong Palace was especially beautiful. When one expresses his/her emotions, symbolism is very important in design. In Changgyeong Palace, the visible and the invisible were different from different angles. I thought there might be something symbolic in this. I am still

面来看, 我觉得传统正在向着更美好的方向发展。

李：当然, 虽说传统不是一两句话就能完全解释清楚的, 但我还是很好奇传统纸质书籍和电子书到底是什么样的关系。

崔：我认为两者在功能上是分为两类的。数码的速度和信息量是传统纸质书籍所不能比拟的。但是通过传统纸质书籍的特点能够给人带来"五感"上的感受, 同时书籍中有一种传达情感的物体本性的美感。也许这就是书籍得以一直存在的最主要的原因。我想电子书与感性的书籍在功能上可以分为两类, 也会一直发展下去。

李：很荣幸能与您一起探讨关于书籍和建筑的问题。

李 その様な面では私も同感します。今回私たちが見えない、つまり、見えるものを見えなくすることによって、もう一段と上がった感性の世界を開く話をしましたが、この様なものが詩的な名所つくりと結ばれたときに非常に新しい場所づくりが可能ではないかと思いましたね。

崔 今回行ってきた所の中で 宗廟の祭壇と昌慶宮(チャンギョン宮)の配置がとても印象的でした。特に昌慶宮(チャンギョン宮)の配置がとても綺麗でした。感情を表現するときデザインの中で重要なのが象徴性です。昌慶宮(チャンギョン宮)は見る角度によって見えるものと見えないものが違ってくるのですが、この様なものに象徴的な何かがあったのではないかという考えをしました。今もとても気になる部分でもあります。この様な考え自体がとても楽しいです。

심층적 장소성을 느끼게 한다는 것이지요.

소위 요즘 우리가 말하는 디지털 문화는 보이지 않는 것을 보여 지게끔 하는 기술, 예를 들어 영상을 통해 볼 수 없었던 것을 볼 수 있게 한다는 것과 같은 것은 상당히 발달하고 있다고 생각합니다. 하지만 반면에 보여 지는 것을 보여 지지 않게 하면서 조금 더 다른 차원으로 끌어올리는 것은 부족하다고 생각합니다. 이러한 관점에서 아날로그는 보여 지는 것을 보여 지지 않게 하면서 다른 차원에서 느끼도록 하는데, 그것이 감성의 세계라 생각하고 디지털이 가지지 못하는 아날로그의 힘이라 생각합니다.

최 디지털화되면서 책의 정보전달력은 상당히 약화되었습니다. 대신 책에 대한 물성으로서의 아름다움의 욕구는 더 강화되

wondering, and this question itself is very intriguing.

Lee It is very rare to use one axis throughout a building in Korean traditional architecture. Even in nature, we rarely find symmetric things. The form of nature is asymmetric rather than symmetric, and this characteristic of nature is dramatically expressed in many techniques of Korean traditional architecture. What I would like to say here is making the audience feel an in-depth sense of place while hiding what is visible.

The so-called digital culture has developed a technology that allows the invisible to be seen. For example, the field of video, showing the invisible, is greatly developed. However, there is a lack in hiding visible things and

李 韓国の伝統建築では軸線(アクシス)を最初から終わりまで一つにする場合は多くないです。自然は左右対称的なものはほとんど無いでしょう。自然の形象自体が実は対称というよりは非対称であるから、この様な自然の特徴を極的に表現したのが韓国の伝統建築で多く見られるのです。私がここで言いたいのは、見えるものを見えなくしながら、深層的場所性を感じさせることです。

いわゆる私たちが最近言っているデジタル文化は見えないものを見えるようにする技術、例えば映像を通して見られなかったものを見えるようにするというようなことはとても発達していると思います。だが、反面に見えるものを見えなくして、もう少し他の次元に引き上げるのは足りないと思います。こんな観点でアナログは見えるものを見えなくし、違う

었다고 보여 지고요. 마치 흑백사진이 200년의 역사를 가지고 있지만 아직도 작품에 쓰이고 있듯이, 책도 물성적인 아름다움을 부각시키는 쪽으로 발전하지 않을까 싶네요. 시사적인 것과 정보의 양 같은 것은 디지털에 빼앗기지만, 역시 사람의 감성을 흔드는 힘은 디지털보다는 아날로그에 있다고 봅니다. 이러한 측면에서 아날로그는 조금 더 아름다운 쪽으로 향하지 않을까 싶네요.

이 물론 아날로그라는 말 하나로 다 설명될 수는 없겠지만, 아날로그적인 책과 디지털적인 책의 관계가 궁금하네요.

최 저는 기능적으로 서로 양분화 될 거라 생각합니다. 디지털이 가지고 있는 속도와 정보의 양은 아날로그가 따라잡을 수가 없겠죠. 하지만 아날로그적인 특징, 보통 책을 통해 오감을 느낀다고 하는데, 책에는 이러한 오감을 통해 감성을 전달하

bringing them up to another level. In this sense, analog enables the visible things to be invisible and helps people to experience them on another level. I think this is the world of emotion and the strength of analog.

Choi The capability of books in transferring information has weakened since digitalization. On the other hand, the beauty as a property has been reinforced. Just like black-and-white photos are used as art despite of its 200 years of history, I think books will develop with a focus on physical beauty. Digital is superior to analog in current topics and the quantity of information, nonetheless analog is stronger in the ability of moving emotions. In this way I believe analog will evolve in a more beautiful way.

次元を感じさせることができるが、これが感性の世界と認識し、デジタルがついて行けないアナログの力だと思います。

崔 デジタル化しながら本の情報伝達力はすごく弱まりました。その代わり、本に対しての物性としての美しさの欲求はもっと強まったと思います。まるで、黒白写真が200年の歴史を持っているが、未だに作品に使われているように、本も物性的な美しさをアピールする方向で発展していくのではないかと思います。時事的なものや情報の量はデジタルに奪われたが、なんと言っても人の感情を動かす力はデジタルよりはアナログにあると思います。この様な側面でアナログはもう少し美しさを追求する方向に向いていくのではないでしょうかね。

李 もちろん、アナログという言葉一つで全てを説明するのは難しいが、アナログ的な本とデジタル的な本との関係が

는 물성으로서의 아름다움이 있다고 보고 있죠. 책이 가지고 있는 마지막 지점이 이런 쪽이 아닌가 싶습니다. 디지털의 책과, 감성의 책은 기능적으로 양분화 되어 계속 발전하지 않을까 싶네요.

이 그 동안 서(書)와 축(築)에 대한 생각을 허심탄회하게 서로 나눌 수 있어서 좋았습니다.

Lee Though of course we could not explain everything in the word analog, I wonder about the relationship between analog and digital books.

Choi I think they will be functionally polarized. Analog will never catch up with the speed and the quantity of information that digital has. However, in books there is a physical beauty conveying emotion through the five senses, which is the characteristic of analog. I think this is the final vantage point of books. I believe that digital books and analog books will continue to grow functionally polarized.

Lee I'm glad we were able to have an open-minded discussion on design and architecture.

Exposed concrete skin

知りたくなりますね。

崔 私は機能的にお互い両分化すると思います。デジタルが持っている速度や情報の量はアナログが追いつけないでしょう。だが、アナログ的な特徴、普通は本を通して五感を感じるのですが、本にはこの様な五感を通して感性を伝える物性としての美しさがあると思います。本が持っている最後の時点がこの様なものではないかと思います。デジタルの本と感性の本は機能的に両分化して、続けて発展していくのではないかと思います。

李 これまで書と築についての考えを虚心坦懐にお互い話し合えて嬉しかったです。

作者简介　　PROFILE

이대준

건축가 이대준은 서울 예술 고등학교에서 회화와 조소를 시작으로 조형예술에 입문하였고, 점차적으로 공간 언어에 관심을 가지면서 공간과 장소에 담겨진 도상학적 사유를 탐구하고 있다. 특히, 동경 대학교 대학원 시절 후미히코 마키 교수 밑에서 도시적 공간과 인간을 매개하는 건축언어에 대해 가르침을 받은 이후 심층적 장소 만들기(Locus Design)를 구현하는 작업을 진행해 오고 있다. 구체적 작업 성과로는 포항시의 테라노바 포항 프로젝트(Terra Nova Pohang Project)를 발의하여 수년간 진행 시킨 결과 포항의 문화적 원 풍경을 끌어내는 일련의 작업에 대해 국가로부터 평가 받아 2007년 문화관광부 장관상을 받았고 일련의 프로젝트 중 하나인 포항시 중앙상가 실개천 프로젝트는 2008년 대한민국 공간 문화 대상과 2011년 유네스코 경관상을 수여 받았는데, 본 프로젝트에서 커미셔너 및 디자이너로 참여하였다.

최근 작업에서는 격자화된 도시공간의 밑바탕에 깔린 장소의 은유적 기호를 찾아내는 작업을 진행 중에 있다.

최만수

1955년 서울에서 태어났다. 학교 졸업 뒤에 한동안 판화를 공부하다가 1982년 디자인 회사 '이가솜씨'에 들어가 그래픽 디자이너로서 경력을 시작했다. 1985년 그래픽 디자인 스튜디오 '끄레 어소시에이츠'를 설립해 현재까지 대표 겸 크리에이티브 디렉터로 활동하고 있다.

끄레 어소시에이츠를 기반으로 브로슈어, 패키지 디자인, 디자인 상품 개발, 전시장 디자인 등 다채로운 일을 해오고 있는 가운데, 80년대 후반 절제되고 간결한 형식미의 책표지 디자인을 통해 출판계에 알려지면서 27년 넘게 디자인을 해왔다.

현재 해외 미술관에서 유통될 수 있는 디자인 상품을 개발하는 데에도 노력을 기울이고 있으며, 민병헌 사진집과 달력, 이철수 판화 캘린더, 스노캣 다이어리가 그러한 시도다. 1993년 일본에서 발행되는 ASIAN GRAPHICS에 'SURGING EAST ASIAN FEELING' 한국 작가로 참여, 1998 '일본 도서설계 47'에 전시, 2001 월간 디자인 주체 MILLENNIUM DESIGN AWARDS 그래픽부문 디자이너로 선정 되었으며 2012 paper road '지적 상상의 길'에 초대되어 참여했다.

Lee Daejun

Architect, Lee Daejun, was introduced to plastic art through sculpture and painting at Seoul Arts High School. He began to show interest in spatial language and since then, his interest in space and place has led him to research iconographical thinking. Under guidance of Professor Fumihiko Maki at University of Tokyo, he particularly worked on Locus Design after studying architectural language that connects urban space and human. Just after that he continued his pursuit of architecture as a designer in Nihon Sekkei Co. and Nikken Sekkei Co., Japan. Among his works are POSCO Research Center (1997), Ulsan World Cup Stadium (1998), ChungJin Church (2011) and many more. He was the Chairman of the 'Department of International Fellowship' and the Chairman of the 'Division of Education' in Korea Institute of Architects. Several years of work on the Terra Nova Pohang Project was rewarded with the Award of the Secretary of Ministry of Culture and Tourism in the year of 2007, for drawing out Pohang's cultural scene. Lee was both the commissioner and the designer of the project on forming a streamlet in the Central Business District of Pohang. This project has won the Grand Prize of 'The Good Place Award' in 2008 and UNESCO landscape prize in 2011. Currently, he is the administrator of Korean architects in Locus Design Forum where leading architects and designers from Korea, Japan and China are gathered together.

Choi Mansoo

Designer, Choi Mansoo, was born in Seoul, in 1955. Following graduation, he practiced wood printing for a while. His career started as a graphic designer in 1982 when joining Yigasomssi Design Company. He is now the CEO and creative director at CREE Associates, the design studio he established in 1985 with two friends.

Based in CREE Associates, Choi has been providing diverse design services, from brochure design to package design to exhibition space design. However, since the late 1980's when he happened to design the books of a publisher called Theory and Practice, he is better known as a book designer, or even as a best-seller book designer. These days he has been putting emphasis on developing and distributing art products, such as the calendars with Min Byung-hun's photographs, Lee Chul-soo's woodcut prints and the diaries with Snowcat cartoons.

李大俊

韩国建筑师，在"首尔艺术高中" 学习期间从绘画和雕塑开始"造型艺术"的学习，其后兴趣从"造型艺术"转到"空间语言"上，开始探索与研究"空间与场所"的"图像性思维"；特别是在东京大学求学期间，在桢文彦教授门下学习了关注"都市空间和人"的建筑语言后，一直致力于"深层空间"（Locus Design）的研究；具体的成果有浦项市的Terra Nova Pohang Project。在发起并实施这个项目数年后，在2007年得到了"韩国文化观光部长官奖"；其中，浦项市中央商街的项目获得了2008年"韩国空间文化大奖"和2011年"联合国教科文组织景观奖"。最近致力于网络化城市空间隐匿地标的探索。

崔晚洙

韩国设计师，1955年出生于首尔。大学学业后首先从事版画的创作，后于1982年进入 "YIGASOMSSI"公司成为平面设计师；1985年与朋友创立了平面设计工作室"Cree Associates"，并担当公司的法人及创意总监。以"Cree Associates"为基础，提供多样化的设计服务，包括企业画册、包装设计、创意产品开发、展厅设计等。80年代后期，通过简洁的书籍设计在出版界受到好评，甚至成为畅销书的设计师。他还致力于艺术产品的开发，如相册、挂历及记事簿等；并活跃于亚洲地区的国际活动之中，如1993年日本"ASIAN GRAPHICS"、1998年"日本图书设计47人展"、2012年"Paper Road——纸的想象之路"等。

李大俊

建築家イ・テジュンは、ソウル芸術高等学校で絵画と彫塑を、始めに造形芸術に入門し、徐々に空間言語に関心を持ちながら、空間と場所に詰められたイコノグラフィー的思惟を探求している。特に、東京大学院時代に槇文彦教授の下で、都市的空間と人間を媒介する建築言語について教わった後、深層的場所づくり(Locus Design)を具現する作業を行っている。具体的作業の成果としては、浦項市のテラノバ浦項プロジェクト(Terra Nova Pohang Project)を発議し、数年間進行した結果、浦項の文化的な元風景を引き出す一連の作業について国からの評価を受け、2007年文化観光部の長官(大臣に当たる)賞をもらい、一連のプロジェクトの一つである浦項市中央商店街の細川プロジェクトは2008年大韓民国空間文化大賞と、2011年ユネスコ景観賞を授与されたのだが、このプロジェクトのコミッショナー及びデザイナーとして参加した。

最近の作業では、格子化されている都市空間の下地になっている場所の隠喩的記号を探し出す作業を行っている。

崔晩洙

1955年ソウルで生まれた。学校を卒業した後、しばらくの間、版画を勉強し、1982年デザイン会社「イガソムシ」に入り、グラフィックデザイナーとしての経歴を始めた。1985年グラフィック・デザイン・スタジオ「クレ・アソシエーツ」を設立し、現在まで代表兼クリエーティブ・ディレクターとして活動している。

「クレ・アソシエーツ」を基盤に、パンフレット・パッケージーデザイン・デザイン商品開発・展示所デザイン等、多彩な仕事をしている中、80年代後半には節制されて、簡潔な形式美の本の表示のデザインを通して、出版界に名前が知られ、27年以上デザインを手がけてきた。

現在、海外の美術館に流通できるデザイン商品を開発することにも努力を注いでいて、ミンビョンホン写真集とカレンダー、イチョルス版画カレンダー、スノーキャットダイアリーがそうだ。1993年、日本で発行されたAsian Graphicsに「Surging East Asian Feeling」韓国作家として参加、1998年は「日本都市設計47」に展示、2001年は月間デザイン主体「Millennium Design Awards」グラフィック部門デザイナーとして選定され、2012年「Paper Road」の「知的想像の道」に招待され、参加した。

총서명: 서·축
도서명: 보이는 돌, 보이지 않는 돌
저자: 이대준, 최만수
북디자인: 최만수, 조주희
사진: 이동수
디자인 조교: 조용우, 장정엽, 나준수, 이애녹, 강창대, 이애린, 오주향
출판사: 중국건축공업출판사
출판시간: 2016년 8월
인쇄제작: 북경아창예술인쇄유한회사
일본어 번역: 권민지, 박지영
중국어 번역: 김향단, 김성도
영어 번역: 조성국
© 이대준, 최만수 2014

Series: Book·Architecture
Title: Visible Stone, Unvisible Stone
Author: Lee Daejun, Choi Mansoo
Book Designer: Choi Mansoo, Jo Juhui
Photographer: Lee Dongsoo
Design Assistant: Cho Yongwoo, Jang Jungyup, Nah Junsoo,
                  Lee Aenok, Kang Changdae, Lee Aerin, Oh Juhyang
Publisher: China Architecture & Building Press
Publication Time: August 2016
Printer: Beijing Artron Art Printing Co.,Ltd.
Japanese Translator: Gwon Minji, Park Jiyoung
Chinese Translator: Kim Sungdo, Kim Xiangdan
English Translator : Joh Sungkook
© Lee Daejun, Choi Mansoo 2014

丛书名: 书·筑
书名: 可见之石 隐没之石
著者: 李大俊, 崔晚洙
书籍设计: 崔晚洙, 赵株晞
摄影: 李东洙
设计助手: 赵容佑, 张正烨, 罗俊洙, 李爱绿, 姜昌大, 李爱隣, 吴朱香
出版社: 中国建筑工业出版社
出版时间: 2016年8月
印刷制版: 北京雅昌艺术印刷有限公司
中文译者: 金香丹, 金圣涛
日文译者: 权敏智, 朴志泳
英文译者: 赵诚菊
© 李大俊 崔晚洙 2014

叢書名: 書·築
書名: 見える石 見えない石
著者: 李大俊 崔晚洙 著
書籍設計: 崔晚洙 趙株晞
写真: 李東洙
設計協力: 趙容佑 張正燁 羅俊洙 李愛綠 姜昌大 李愛隣 吳朱香
出版社: 中国建築工業出版社
初版: 2016年8月
印刷製本: 北京アートロン社
日本語訳者: 權愍智 朴志泳
中国語訳者: 金香丹 金盛涛
英語訳者: 趙誠菊
© 李大俊, 崔晚洙 2014

图书在版编目（CIP）数据

可见之石 隐没之石 / （韩）李大俊，（韩）崔晚洙 著；金香丹，金圣涛译 . 一北京：
中国建筑工业出版社，2016.8
（书·筑）
ISBN 978-7-112-17009-8

Ⅰ. ①可… Ⅱ. ①李… ②崔… ③金… ④金… Ⅲ.
①建筑设计－研究 Ⅳ. ① TU2

中国版本图书馆 CIP 数据核字（2016）第 208150 号

出版策划：沈元勤　孙立波
版权总监：张惠珍
印制总监：赵子宽
设计统筹：廖晓明　孙梅
责任编辑：徐晓飞　张明　刘文昕　段宁
责任校对：张慧丽　陈晶晶
英文审读：任鑫
日文审读：上野理惠
韩文审读：太红胜

书·筑

可见之石 隐没之石

[韩]李大俊　崔晚洙 著　金香丹　金圣涛 译

中国建筑工业出版社出版、发行 (北京西郊百万庄)
各地新华书店、建筑书店经销
北京雅昌艺术印刷有限公司制版
北京雅昌艺术印刷有限公司印刷
开本：880×1230毫米　1/16　印张：15⅞　字数：298千字
2016年8月第一版　2016年8月第一次印刷
定价：198.00元
ISBN 978-7-112-17009-8
　　　　（25664）